配电网目标网架结构规划与设计

高压分册

中国电力科学研究院有限公司配电技术中心　组编

中国电力出版社
CHINA ELECTRIC POWER PRESS

内 容 提 要

我国地域辽阔，不同供电区域的经济发展水平、电源布局、负荷特点、运行习惯等差异较大，确定不同供电区域的目标网架结构和不同发展阶段的过渡网架结构，是一项适应我国经济社会发展需要、提高配电网供电能力和供电可靠性、避免过度投资或投资不足，减少用户停电损失的战略决策。《配电网目标网架结构规划与设计》以深入调研、对比国内外配电网网架结构、供电可靠性等为基础，主要介绍了国内外配电网网架结构现状、经济性和可靠性评估指标和评估方法、配电网目标网架结构规划原则和网架构建，以及网架改造指导意见等内容，可有效指导我国配电网的规划、建设与改造工作。

本专著为《配电网目标网架结构规划与设计》高压分册，在收集、整理国内外配电网现状与发展概况等的基础上，将理论方法与实践经验和实际案例相结合，提出了高压配电网目标网架结构及建设、改造原则，可为政府规划和管理部门的相关人员提供决策依据，也可为电网经营企业进行配电网的规划、建设和改造提供指导，还可为有志于配电网规划的研究人员以及有关专业师生等提供研究课题和创新性思路。

图书在版编目（CIP）数据

配电网目标网架结构规划与设计. 高压分册/中国电力科学研究院有限公司配电技术中心组编. —北京：中国电力出版社，2019.12
ISBN 978-7-5198-3432-6

Ⅰ. ①配… Ⅱ. ①中… Ⅲ. ①高压电网–配电系统–网架结构 Ⅳ. ①TM727

中国版本图书馆 CIP 数据核字（2019）第 146750 号

出版发行：中国电力出版社
地　　址：北京市东城区北京站西街 19 号（邮政编码 100005）
网　　址：http://www.cepp.sgcc.com.cn
责任编辑：王春娟（010-63412350）
责任校对：黄　蓓　朱丽芳
装帧设计：赵姗姗
责任印制：石　雷

印　　刷：北京天宇星印刷厂
版　　次：2019 年 12 月第一版
印　　次：2019 年 12 月北京第一次印刷
开　　本：710 毫米×1000 毫米　16 开本
印　　张：8.75
字　　数：155 千字
印　　数：0001—1500 册
定　　价：39.00 元

本书编写组

崔艳妍　赵明欣　苏　剑　刘　伟

韦　涛　惠　慧　刘思革　周莉梅

陈　海

前　言

　　高压配电网是连接输电网与中压配电网的桥梁，其结构性能对功率的合理分配有很大影响，它关系到供电可靠性和电网建设经济性两个方面。可靠性与经济性是电力系统的两个非常重要的指标，但同时也是相互矛盾的两个指标：在系统规划、运行阶段可以通过电网改造、增加投资等措施提高供电可靠性，然而一味追加投资必将导致运行成本的增加，难以满足经济性的要求；同样，过分限制投资又将导致可靠性水平的降低。在供电企业对用户满意度越来越关注的今天，如何在配电网规划、运行过程中，同时考虑可靠性和经济性的影响，最大限度地协调可靠性与经济性的矛盾，已经成为需要迫切解决的实际问题。在社会经济发展对配电网的规模和质量均提出新要求的形势下，我国电网应采用高适应性和针对性相结合的发展战略方针，并根据我国不同地区电网的发展规模和发展阶段的差异化状况，差异化实施该方针。网络和设备的配置不仅适应当前负荷的需要，而且要适度适应未来负荷发展的需求，适度提高初期投资费用。在保证整体有较高全局适应性的前提下，在技术上考虑局部有相应的针对性，并逐步改进配电网的技术水平；在投资上主要考虑设备整个寿命周期内费用较小，兼顾初期投资费用较小。35～220kV 电网的发展应综合电网的功能定位、发展阶段、供电区域类型等因素带来的影响，确定差异化的发展策略。

　　我国大部分地区 35～220kV 电网发展比较完善，网架结构合理，基本能够满足 N−1 安全准则的要求。同时由于近几年我国负荷增长较快，某些地区为了满足未来负荷增长的需求，电力部门会尽早获取站址和廊道资源，使电力发展适度超前经济发展，而在电网建设初期向完善期过渡的过程中，则可能出现单线路单变压器等情况，使得该区域电网结构薄弱，可靠性低。在不同类型供电区域或电网的不同发展阶段所对应的典型网架结构也不相同，可分为发展初期、过渡期、完善期三个阶段，在电网发展初期为了保证一定的经济性，网架结构相对简单，一般为单电源供电的单线路单变压器或两线路两变压器，可靠性相对较低；在电网发展过渡期，随着负荷增长需求，网架结构逐步向双电源过渡，在增加一部分投资的基础之上，可靠性相对于电网发展初期有较大提升；在电网发展完善期，网架结构的可靠性最高，相应的投资也有所增加。因此，不同网架结构的选取对电网建设的可靠性与经济性的影响很大。

本书从指导电网的实际发展建设角度出发，针对 A+～E 六类供电区域以及电网发展初期、过渡期和完善期三个不同的发展阶段，重点介绍高压配电网网架结构及电气主接线方式，并结合设备状态检修技术的应用进行分析，综合考虑可靠性和经济性，给出电网规划建设、设备运维和技改工作方面的相关建议，具体内容包括：

（1）我国高压配电网典型网架结构。介绍 35～220kV 电网的典型网架结构，分析每种网架结构的特点及适用范围，给出各种高压配电网典型网架结构在国家电网公司不同供电区域的分布情况，结合供电区域划分，给出适用于 A+、A、B、C、D、E 六类供电区域的高压配电网典型网架结构。

（2）发达国家和城市配电网典型网架结构。介绍先进国家和城市配电网网架结构的规划理念和思路，消化吸收国际上配电网网架结构规划、优化的先进经验，为我国配电网目标网架结构的建立提供借鉴。

（3）配电网目标网架规划原则、构建思路及要求。给出配电网目标网架结构构建应遵循的基本规划原则及构建思路，分析各类供电区域配电网目标网架结构所应满足的可靠性及供电安全水平要求。

（4）配电网目标网架构建。以各层级配电网典型结构为基础，以各类供电区域的供电可靠性与供电安全水平为目标，根据配电网目标网架的规划原则与构建思路，构建输配协调的配电网目标网架结构，分析每种目标网架结构能够满足的供电安全水平及经济性，以及适合六类供电区域的配电网目标网架结构。结合电网发展不同阶段的界定，以及各个发展阶段的特点及电网要求，给出输配协调的35～220kV 配电网网架结构的过渡过程。

（5）高压配电网变电站电气主接线。分析 35～220kV 变电站站内电气主接线的典型接线方式及其特点，建立变电站主接线可靠性、经济性评估模型，分析各种典型电气主接线的经济性、可靠性。

（6）状态检修对不同网架结构电网可靠性和经济性的影响。介绍状态检修技术及其应用现状，分析不同网架结构下状态检修技术对电网可靠性和经济性的影响，并给出相关建议。

本书视角新颖、内容丰富，在收集、整理国内外配电网现状与发展概况等的基础上，将配电网的目标网架结构作为系统理论问题来探讨，并与实践经验相结合，提出了新的思路及有价值的结论和建议。希望本书的出版能够引起业内人士对我国配电网发展中一些共性问题的关注，为规划部门和管理部门尽快作出我国配电网目标网架的决策提供依据，指导电网经营企业进行配电网的规划、建设和改造，以使配电网能够更好地适应未来社会经济的发展，也为有志于配电网规划的研究人员以及有关专业师生等提供一些研究课题和创新性的思路。

　　本书所提出的一系列高压配电网目标网架结构等研究成果对于我国目前以及今后配电网的建设有重要的参考价值。在本书的前期研究过程中，范明天、张祖平提供了许多指导性意见，对于所有与作者进行过合作、研究和讨论的人员对本书的支持和帮助，作者表示诚挚的谢意！

编著者

2019 年 6 月

目　录

第1章

概　　述

1.1　我国高压配电网概述

随着电网建设的不断发展，各电压等级电网的作用和定位逐步清晰明确。目前，330～1000kV 交直流电网主要构成骨干输电网架，承担着跨区域的电力输送任务。330～1000kV 电网的日益坚强，变电站布点日益密集，从而有效地降低了下游 35～220kV 电网的单条线路平均长度，使得 35～220kV 电网承担的远距离输电任务越来越少，尤其是在一些大型城市的电网中，35～220kV 电网开始发挥着配电网的功能，部分线路还直接为工商业区的大负荷供电。这也促使供电企业的关注重点从设备本身更多地转移到了电网的供电水平上。

配电网直接面向用户供电，是保障电力"配得下、用得上"的关键环节。35～220kV 电网构成了我国高压配电网的主体，在我国不同区域中发挥的作用差别较大。

（1）220kV 电网在各个区域电网中均有分布，在区域内主要作为输电网，发挥其输送能力较强、送电距离较远的作用。在北京、上海等少数大城市中，由于负荷密度大、供电范围广，220kV 电网已经开始深入市区供电，发挥着高压配电网的作用。

（2）110kV 电网在我国分布范围较广，在城市电网范围内主要作为高压配电网，发挥其配送能力强的特点；在县域电网范围内肩负着输电网和高压配电网的双重功能。

（3）66kV 电网主要分布在东北地区，所发挥的作用和 110kV 电网基本一致。绝大多数情况下，在同一区域内 66kV 和 35、110kV 电网不会同时存在。

（4）35kV 电网主要分布在县域电网中，除上海、天津和青岛等少数城市外，35kV 电网正在逐步退出城市电网，这主要是由于 35kV 电网的配送能力较低，且和 110kV 电网之间在一定程度上存在重复变压。

1.2 高压配电网目标网架结构规划的必要性

根据 DL 755—2001《电力系统安全稳定导则》和 Q/GDW 156—2006《城市电力网规划设计导则》中的相关规定，35～220kV 电网应满足 $N-1$ 安全准则要求，这一准则主要是针对发展到完善期或成熟期的电网而言的，这一阶段的电网负荷基本已经饱和，负荷增速很小。从负荷典型增长曲线（S 型）来看，当前我国的电网建设处于快速发展时期，很多情况下电网处于发展初期和过渡期，由于种种原因，部分情况下负荷较小，负荷增长缓慢，负荷发展到饱和阶段有可能要经历二三十年或者更长的时间。

一般情况下，随着负荷的逐步增长，电网处于不断增强的发展过程中，在电网建设初期和目标网架未完全形成的发展过渡期，电网在结构上可能不满足 $N-1$ 安全准则。此外，供电企业有时为争取站址资源，在建设资金有限和负荷需求水平较低的情况下，处于电网建设初期时，首先要保证增大电网的覆盖范围，在此期间，网架结构相对薄弱，从经济性上考虑，电网的建设不能严格按照 $N-1$ 安全准则执行。因此，在当前电网的发展建设中，受技术经济、环境和地方政策的影响，相当一部分的地方供电企业在电网的发展建设中尚不能完全按照 $N-1$ 安全准则的要求实施，使得当前电网未处处、时时满足 $N-1$ 安全准则。

2009 年，公司经营区 110（66）kV 单线单变压器比例为 23.3%，满足 $N-1$ 安全准则要求的 110（66）kV 主变压器台数占 66.6%，线路条数占 74.7%。35kV 单线单变比例为 29.2%，满足 $N-1$ 安全准则要求的 35kV 主变压器台数占 57.6%，线路条数占 60.6%。按照上述比例情况，若将公司经营区内的单线单变全部进行改造，使其满足 $N-1$ 安全准则要求，参照"十二五"期间的投资情况，则共需增加投资约 1000 亿元。因此，在电网发展初期和过渡期就按照满足 $N-1$ 安全准则要求进行电网建设，则会造成设备资产利用率不高甚至严重浪费的情况，在技术、经济上不合理。另外，电网发展初期和过渡期即使不满足 $N-1$ 安全准则要求，但由于其负荷很小，也不会对系统可靠性产生过大影响。此外，系统可靠性是由设备可靠性来保证的，在电网网架结构不能满足 $N-1$ 安全准则要求时，可以通过采用一定的技术手段来提高设备的可靠性水平，从而使整个系统满足一定的可靠性要求，如可采用状态检修技术。

此外，由于 35～220kV 电网功能的转变，其可靠性和经济性的要求也随着功能的转变发生了一定的变化。尤其当 35～220kV 电网作为高压配电网向下级供电时，其供区内用户的可靠性水平很大程度上与下级中压配电网的结构和供电能力有关，而不仅仅取决于高压配电网本身。从系统综合的角度分析，配电网整体的供电可靠性水平是由高、中、低压配电网共同作用决定的。因此，单纯强化某一电压等级配电网的供电能力、裕度，并不能完全保证配电网整体供电可靠性水平的提高。实际案例中，有些地区尽管其 110、220kV 网架具有较高的可靠性，设备冗余度高，电网的容载比水平远高于 2.0，但由于中压配电网受困于走廊资源限制，发展建设薄弱，导致中压配电网供电能力不足，进而致使该地区配电网的整体供电可靠性不高。而有些地区，由于中压互联率和自动化水平较高，即使 35～220kV 高压配电网并不满足 $N-1$ 安全准则，也可以通过下级中压配电网的互供支撑作用，确保配电网的整体供电可靠性达到一定的水平。根据 Q/GDW 1738—2012《配电网规划设计技术导则》中的相关规定，高、中、低压配电网三个层级应相互匹配、强简有序、相互支援，以实现配电网技术经济的整体最优。因此，有效协调各级电网的有序发展，使得上级电网能够有效地保障下级电网，下级电网能够适度地支撑上级电网，是电网健康有序发展的长期目标。

想要积极有效地解决上述问题，就要求规划和运行人员从优先满足地方发展用电需求、充分考虑电网发展特点的角度出发，优化电网的发展策略，从规划、建设、运行管理等多方面入手，分阶段、分层次地制订相应的措施来指导电网发展，通过合理的措施和手段保证电网维持在一定的可靠性水平之上，并具有合理的技术经济性。因此，在进行高压配电网目标网架结构的规划与设计时，需要结合不同供电区域和电网建设工程的不同发展阶段，根据电网的可靠性要求，选择恰当的网架结构，以使电网满足可靠性与经济性要求，而不应一味追求满足 $N-1$ 安全准则。

第2章

我国高压配电网典型网架结构

本章主要介绍我国高压配电网目前采用的典型网架结构、特点、适用范围和应用情况。

2.1　220kV 电网网架结构

220kV 电网的典型结构与电网的功能定位密切相关，220kV 电网在大部分地区仍作为主要的输电网发挥着远距离输电的任务。在部分大型发达城市中，220kV 电网已经开始深入市中心供电，发挥着高压配电网的作用。根据上级电网 500kV 高压变电站的个数，将 220kV 电网网架结构分成单电源电网结构和多电源电网结构两大类。

2.1.1　单电源电网结构

单电源电网结构是指只有 1 座 500kV 变电站作为上级电源的 220kV 电网结构，一般呈放射结构、自环网结构或者较复杂的网格形结构。

（1）单放射结构。由 1 座 500kV 变电站出 1 回 220kV 线路给 1 个或多个 220kV 变电站供电的结构称为单放射结构，如图 2-1 所示。

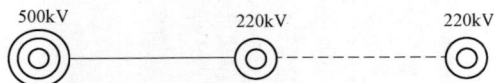

图 2-1　单放射结构

由于这种接线方式只由 1 回线路供电，一旦该线路发生故障，该条线路所带负荷就会失电，因此供电可靠性和运行灵活性都很低。

（2）双放射结构。由 1 座 500kV 变电站出 2 回 220kV 线路、只从一端给 1 个或多个 220kV 变电站供电的结构称为双放射结构，如图 2-2 所示。

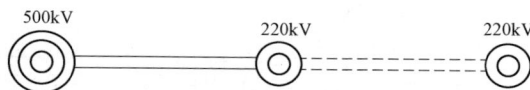

图 2-2　双放射结构

这种接线简单实用，当 1 条线路发生故障时，该条线路所带的变压器可由另外 1 回线路提供备用，运行灵活性好，供电可靠性较高，是一种常用的 220kV 网架结构。

（3）自环网结构。由一座 500kV 变电站出 2 回或 4 回 220kV 线路，构成单环网或者双环网给多座 220kV 变电站供电的结构称为自环网结构，如图 2-3 所示。

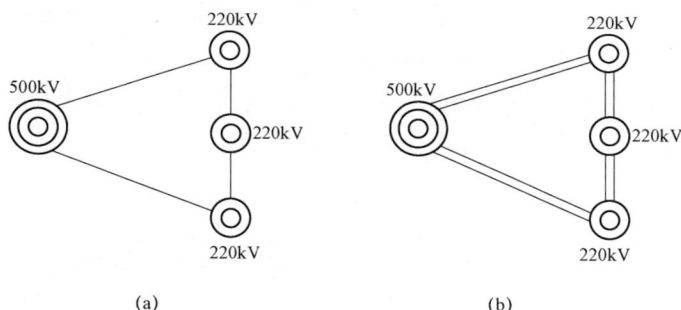

(a)　　　　　　　　　　　　　(b)

图 2-3　自环网结构
(a) 单环网；(b) 双环网

图 2-3（a）的网架结构，220kV 负荷站为环网接线，每个负荷站由 2 回线路供电，其供电可靠性和灵活性比单放射结构提高了很多；图 2-3（b）的网架结构，每个 220kV 负荷站均由 4 回线路供电，供电可靠性和灵活性相比于双放射结构有所提高。

（4）网格形结构。由同一座 500kV 变电站的 2 个 220kV 环网结构形成网格形结构，网格内可考虑接入 5~6 个变电站，220kV 电厂可通过 2 路双回线路分散接入环网，如图 2-4 所示。

这种网架结构的特点是：2 个自环网结构形成网格结构，任一节点（变电站）均由 4 回及以上线路供电；网络覆盖面大，扩展灵活，有多条路径，为新站接入系统提供了便利，且便于电厂分散接入。

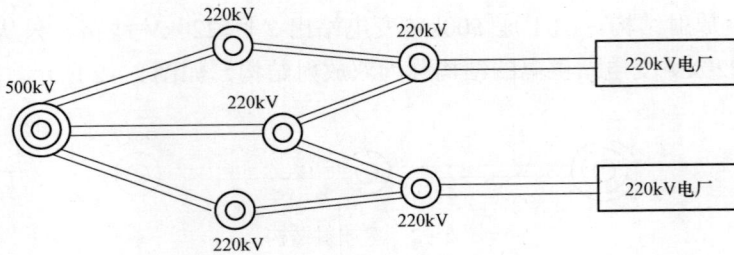

图 2-4　网格形结构

2.1.2　多电源电网结构

　　多电源电网结构指的是由 2 座以上 500kV 变电站作为上级电源的 220kV 电网结构，包括双链结构、哑铃形结构、球拍形结构、网格形结构。相比于单电源电网结构，多电源的电网结构无论在灵活性还是可靠性上均有较大提高，尤其是当一侧的 500kV 电源变电站出现故障，发生全站停运时，另一侧的 500kV 电源站可以作为备用，转带一部分重要负荷。

　　（1）双链结构。由不同 500kV 变电站的 2 个双放射结构相互联络构成的结构称为双链结构，如图 2-5 所示。

图 2-5　双链结构

　　当某一条线路发生故障时，该线路所带的变压器可由本站其他线路或另一侧的线路提供备用，灵活性好，可靠性高。

　　（2）哑铃形结构。由不同 500kV 变电站的 2 个双环网结构相互联络构成的结构称为哑铃形结构，如图 2-6 所示。

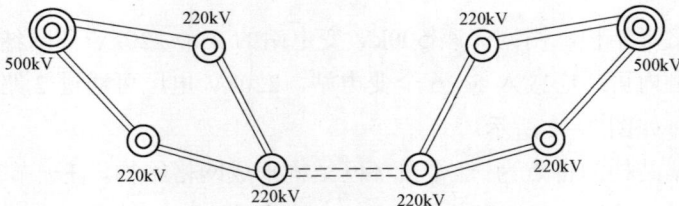

图 2-6　哑铃形结构

（3）球拍形结构。由不同 500kV 变电站的 1 个双环网与 1 个双放射结构相互联络构成的结构称为球拍形结构，如图 2-7 所示。

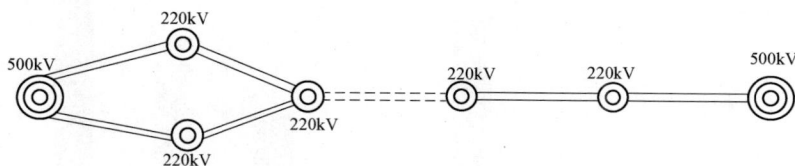

图 2-7　球拍形结构

（4）网格形结构。由于 220kV 变电站数目比较多，一般考虑通过 2 个通道的联络线与其他 500kV 变电站或 500kV 变电站供电区联络，如图 2-8 所示。

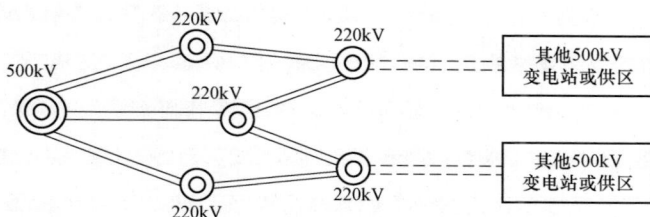

图 2-8　网格形结构

2.2　35～110kV 电网网架结构

2.2.1　35～110kV 电网网架结构现状

2.2.1.1　35kV 电网结构

截至 2013 年底，国家电网公司经营区 35kV 电网有三链、双链、单链、双环网、单环网、双辐射和单辐射结构，以单链和单辐射结构为主，分别占 35.2%、28.7%，如图 2-9 所示。A+、A、B 类供电区以单链和双辐射结构为主，分别占 84.5%、83.4% 和 78.4%，A、B 类供电区存在单辐射结构，比例分别为 3.0% 和 10.1%；C、D 类供电区以单链和单辐射为主，分别占 60.5% 和 72.8%，其中单辐射比例分别为 23.6% 和 35.3%；E 类供电区以单辐射为主，比例为 78.8%，如图 2-10 所示。

7

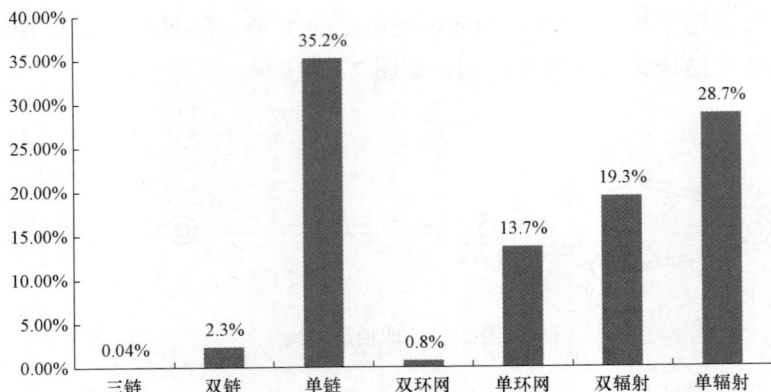

图 2-9　2013 年国家电网公司经营区 35kV 电网结构比例

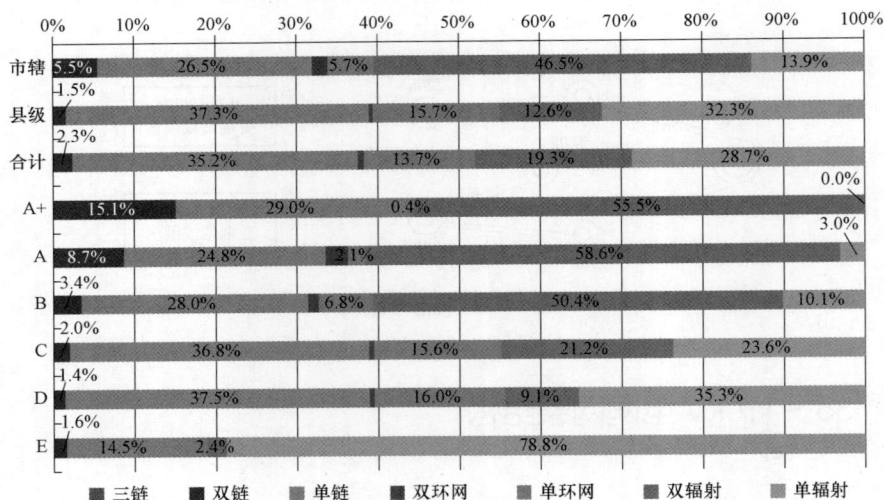

图 2-10　2013 年国家电网公司经营区 35kV 电网结构分布

2.2.1.2　110（66）kV 电网网架结构

截至 2013 年底，国家电网公司经营区 110（66）kV 电网有三链、双链、单链、双环网、单环网、双辐射和单辐射结构，以单链和双辐射结构为主，分别占 34.4%、30.2%，如图 2-11 所示。A+类供电区以双链和双辐射结构为主，占 75.8%；A、B、C 类供电区以单链和双辐射为主，分别占 70.4%、69.8% 和 65.9%；存在单辐射结构，比例分别为 1.7%、7.9% 和 14.7%；D 类供电区以单链和单辐射为主，单链占 35.5%，单辐射占 23.9%；E 类供电区以单辐射为主，比例为 61.7%，如图 2-12 所示。

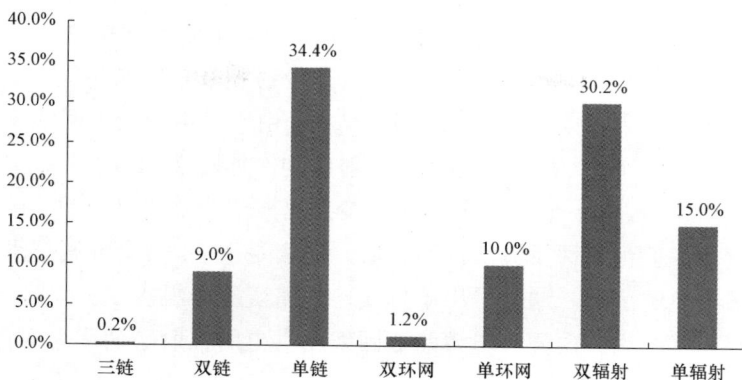

图 2-11　2013 年国家电网公司经营区 110（66）kV 电网结构比例

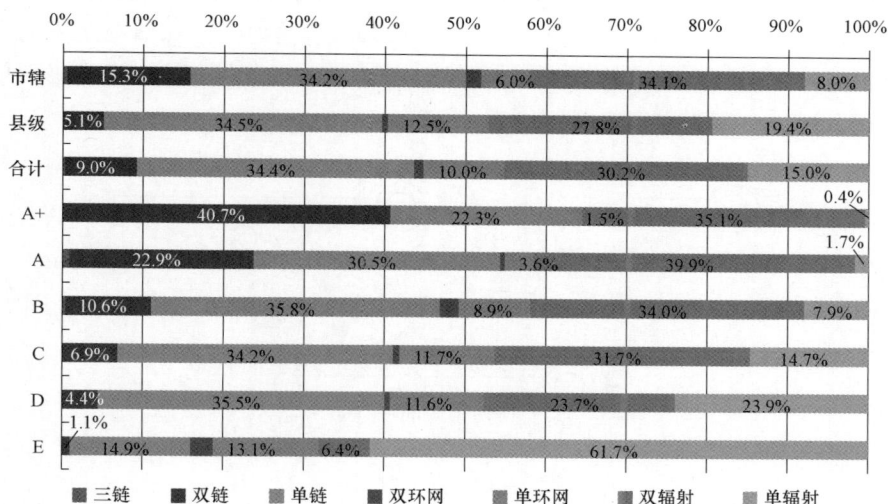

图 2-12　2013 年国家电网公司经营区 110（66）kV 电网结构分布

2.2.2　三类典型网架结构

35～110kV 电网一般采用环网接线、开环运行的方式，主要为避免与上级电网形成电磁环网，从而形成每个上级变电站下的 35～110kV 独立电网。由于 35～110kV 电网网架结构种类比较繁多，在充分调研分析现有技术标准以及目前常用的 35～110kV 电网结构的基础上，梳理总结出以下三类共 13 种典型电网结构。

2.2.2.1　辐射结构

从上级电源变电站引出同一电压等级的 1 回或双回线路，接入本级变电站的

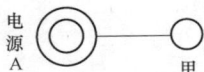

图 2-13　单辐射结构

母线（或桥），且末端未与电源点连接的，称为辐射结构。辐射结构分为单辐射和双辐射两种类型。

（1）单辐射结构。由 1 个电源的 1 回线路供电的辐射结构称为单辐射结构，如图 2-13 所示。

单辐射结构中，35～110kV 变电站主变压器一般为 2 台及以下。单辐射结构简单、投资少，但可靠性及灵活性均较低，不满足 $N-1$ 安全准则要求，适用于可靠性要求不高的区域。通常采用单母线、线路变压器组接线。

（2）双辐射结构。由同一电源的 2 回线路供电的辐射结构称为双辐射结构，如图 2-14 所示。

双辐射结构简单实用，35～110kV 变电站可布置 2 台或 3 台主变压器，能够满足 $N-1$ 安全准则要求，当 1 条线路发生故障或检修时，该条线路所带的变压器可由另外 1 回线路提供备用，由于只有 1 个电源，可靠性不高，通常采用单母线分段、桥式、线路变压器组接线。

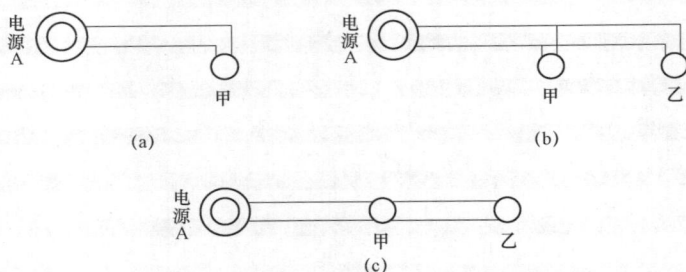

图 2-14　双辐射结构

（a）单母线分段；（b）桥式；（c）线路变压器组

2.2.2.2　环网结构

从上级电源变电站引出同一电压等级的 1 回或 2 回线路，接入本级变电站的母线（或桥），并依次串接 2 个（或多个）变电站，末端通过另外 1 回或双回线路与起始电源点相连，形成首尾相连的环形接线方式，称为环网结构，环网结构一般选择在环的中部开环运行。

（1）单环网结构。单环网结构如图 2-15 所示，能够满足 $N-1$ 安全准则要求，当 1 回线路发生故障或检修时，该条线路所带的变压器可由另外 1 回线路提供备用。由于只有 1 个电源，变电站间为单线联络，可靠性不高。单环网结构通常采用单母线分段、桥式接线。

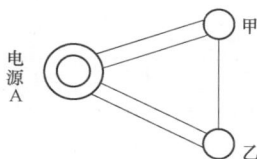

（2）不完全双环网结构。不完全双环网结构如图 2−16 所示，能够满足 $N-1$ 安全准则要求，当 1 回线路发生故障或检修时，该条线路所带的变压器可由另外 3 回线路提供备用，供电可靠性高；由于只有 1 个电源，运行灵活性不高。不完全双环网结构通常采用单母线分段接线。

（3）双环网结构。双环网结构如图 2−17 所示，能够满足 $N-1$ 安全准则要求，当 1 回线路发生故障或检修时，该条线路所带的变压器可由另外 3 回线路提供备用，供电可靠性高；由于只有 1 个电源，运行灵活性不高。双环网结构通常采用单母线分段、环入环出接线。

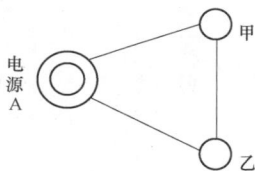

图 2−15　单环网结构　　　图 2−16　不完全双环网结构　　　图 2−17　双环网结构

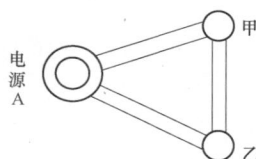

2.2.2.3　链式结构

由上级电源变电站引出同一电压等级的 1 回或多回线路，接入本级变电站的母线（或桥），并依次串接 2 个及以上的变电站，末端通过另外 1 回或多回线路与其他电源点相连，形成首尾相连的链条状接线方式，称为链式结构。链式结构根据变电站接入方式分为 T 接、Π 接两种结构。

从每回线路上依次 T 接支线分别作为各相连变电站 1 台主变压器的电源，构成形如英文字母 T 的接线方式，称为 T 接结构，其优点是变电站接线简单、投资较少（无母线、断路器少、线路回数少），缺点是单回线路故障影响多个变电站。

从每回线路上依次 Π 接支线分别作为各相连变电站 1 台主变压器的电源，构成形如 Π 的接线方式，称为 Π 接结构，其优点是单回线路故障影响的变电站少，缺点是变电站主接线较复杂、投资较大。

（1）单链结构。单链结构如图 2−18 所示，其结构较为简单，任一回线路故障或检修，造成 1 台或 2 台主变压器失电，可由对侧电源的另外 1 回路供电，适用于 2 座 110kV 变电站在同一个供电通道，可采用同塔双回供电的区域。单链结构通常采用单母线分段、桥式、线路变压器组接线。

（2）双链结构。双链结构如图 2−19 所示，其结构稍显复杂，设备投资较大，任 2 回线路故障或检修，其所带负荷可由另外 2 回线路转带，供电可靠性高，运

11

行灵活性较高。适用于 2（3）座 110kV 变电站在同一个供电通道，可以同塔双回供电，或 2 座 220kV 变电站之间需要强联络、运行方式经常变化、可靠性要求高的区域。其中 T 接方式通常采用单母线分段、桥式、线路变压器组接线；Π 接方式通常采用单母线分段、环入环出接线。

图 2－18 单链

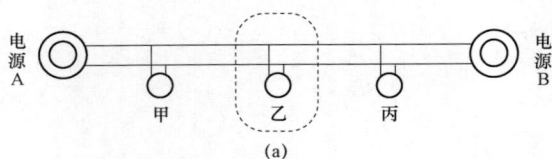

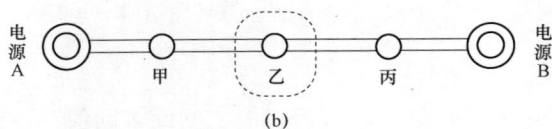

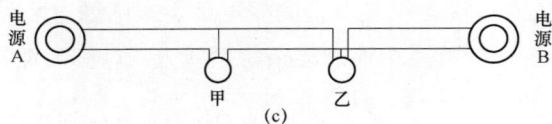

图 2－19 双链结构

（a）T 接；（b）Π 接；（c）T、Π 接混合

（3）三链结构。三链结构如图 2－20 所示，不完全三链 T 接结构中，任一回线路故障或检修，造成 1 台或多台主变压器失电，可由另外 3 条回路供电，运行灵活性高，适用于负荷密度较高、供电可靠性要求较高的区域。通常采用单母线分段、线路变压器组接线。

完全三链 T 接结构中，任一回线路故障或检修，其所带负荷可由对侧电源所出线路转带，供电可靠性高，运行灵活，适用于 2 座 220kV 变电站之间需要强联络、负荷密度比较高、可靠性要求比较高的区域。完全三链 T 接结构通常采用单母线分段、线路变压器组接线。

Π 接结构中，任 2 回线路故障或检修，其所带负荷可由另外 4 回线路转带，可靠性最高，可以灵活改变变电站、主变压器运行方式，运行灵活性较高，适用于 2 座 220kV 变电站之间需要强联络、运行方式经常变化、可靠性要求高的区域。Π 接结构通常采用环入环出接线。

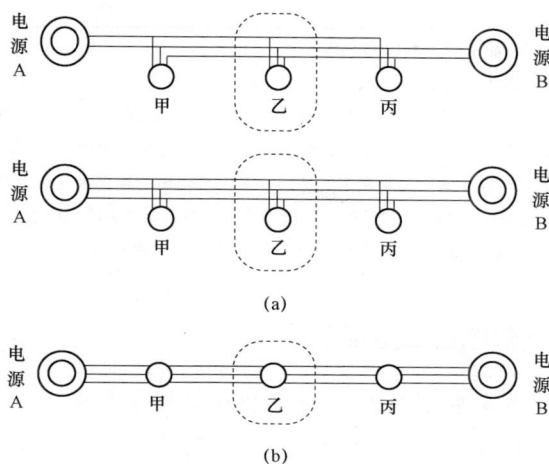

图 2-20　三链结构

（a）T 接；（b）Π 接

2.3　与不同类型供电区域相适应的网架结构

2.3.1　供电区域划分标准

根据 Q/GDW 1738—2012《配电网规划设计技术导则》，供电区域划分主要依据行政级别或规划水平年的负荷密度，也可参考经济发达程度、用户重要程度、用电水平、国内生产总值等因素确定，见表 2-1。

表 2-1　　　　　　　　　　供电区域划分表

供电区域		A +	A	B	C	D	E
行政级别	直辖市	市中心区或 $\sigma \geq 30$	市区或 $15 \leq \sigma < 30$	市区或 $6 \leq \sigma < 15$	城镇或 $1 \leq \sigma < 6$	农村或 $0.1 \leq \sigma < 1$	—
	省会城市、计划单列市	$\sigma \geq 30$	市中心区或 $15 \leq \sigma < 30$	市区或 $6 \leq \sigma < 15$	城镇或 $1 \leq \sigma < 6$	农村或 $0.1 \leq \sigma < 1$	—
	地级市（自治州、盟）	—	$\sigma \geq 15$	市中心区或 $6 \leq \sigma < 15$	市区、城镇或 $1 \leq \sigma < 6$	农村或 $0.1 \leq \sigma < 1$	农牧区

续表

供电区域		A+	A	B	C	D	E
行政级别	县（县级市、旗）	—	—	$\sigma \geq 6$	城镇或 $1 \leq \sigma < 6$	农村或 $0.1 \leq \sigma < 1$	农牧区

注 1. σ 为供电区域的负荷密度，单位为 MW/km^2。
　　2. 供电区域面积一般不小于 $5km^2$。
　　3. 计算负荷密度时，应扣除 110（66）kV 专线负荷，以及高山、戈壁、荒漠、水域、森林等无效供电面积。
　　4. 市中心区指市区内人口密集以及行政、经济、商业、交通集中的地区；市区指城市的建成区及规划区，一般指地级市以"区"建制命名的地区，其中直辖市的远郊区（即由县改区的）仅包括区政府所在地、经济开发区、工业园区范围；城镇指县（包括县级市）的城区及工业、人口相对集中的乡、镇地区；农村指城市行政区内的其他地区，包括村庄、大片农田、山区、水域等。

2.3.2　A+、A 类供电区域网架结构

（1）电网 $N-1$ 安全准则要求。A+类供电区域负荷密集（30MW/km² 以上），主要为直辖市的市中心区，以及省会城市（计划单列市）高负荷密度区，供电可靠性目标为国际领先水平（停电时间 5min）。A 类供电区域负荷较为密集（15～30MW/km²），主要为省会城市（计划单列市）的市中心区、直辖市的市区以及地级市的高负荷密度区，供电可靠性目标为国际先进水平（停电时间 52min）。

A+、A 类供电区域供电可靠性要求很高，高压配电网结构一般要求以双侧电源为主，满足 $N-1$ 安全准则基本要求。对城市中心区单独分区是为了对其配电网提出相应的规划建设标准。A+供电区域标准的划定体现了国家电网公司的政治责任。

（2）电网 $N-1-1$ 安全准则要求。一般情况下，A+、A 类供电区域作为最重要的供电区，要求不管是正常运行方式或是计划安排检修时，都能满足用户持续安全供电的要求，在不明显增加投资的前提下将该区的安全准则定为 $N-1-1$。

当 A+、A 类供电区域容载比达到 2.0 时，该区单座变电站负载率在 50%左右，在某座变电站（装设 3 台主变压器）主变压器满足 $N-1-1$ 安全准则时，仅需将该站 1/3 的负荷转移至相邻变电站，因相邻变电站负载率也在 50%左右，完全有能力接受该部分负荷的转移。在这种情况下，需加强相邻变电站下一级网络，保证每个变电站至少可以将其 1/3 的负荷转移至其他变电站。由于 A+、A 类供电区域变电站密度相对较大，变电站距离较近，并不会因此大幅增加投资。

（3）电网 $N-2$ 安全准则要求。部分 A+、A 类供电区域为特殊用户提供供电安全保障，根据区域内负荷的重要性和安全需要，可以要求线路和变电站内主

变压器均满足 $N-2$ 安全准则。

当 A+、A 类供电区域容载比达到 2.0 时，该区单座变电站负载率在 50%左右，在某座变电站主变压器为 $N-2$ 时，如果仅考虑本变电站主变压器满足 $N-2$ 安全准则而不向相邻变电站转移负荷，需要增加单座变电站主变压器台数至 4 台，全区域内变电站按此标准建设会大幅增加投资。

当 A+、A 类供电区域内电网的线路如果考虑满足 $N-2$ 安全准则，则线路的负载率应该控制在 33%左右，且每一个单元内至少保证 3 路以上的进线，才能够保障线路满足 $N-2$ 安全准则，全区域内线路按此标准建设会大幅增加投资。

（4）推荐电网结构。A+、A 类供电区域供电可靠性要求很高，高压配电网结构一般以双侧电源为主。A+、A 类供电区域通过合理优化电网结构和控制建设标准，可以使电网在不大幅度增加投资的情况下满足 $N-1-1$ 安全准则。如果 A+、A 类供电区域的电网的线路和主变压器满足 $N-2$ 安全准则，虽然供电可靠性得到进一步提高，但需要大幅度增加电网建设的投资。建议优先采用链式结构，当上级电源点不具备形成链式结构条件时，可采用双环网结构，在上级电网较为坚强且 10kV 具有较强的站间转供能力时，也可采用双辐射结构。

2.3.3 B 类供电区域网架结构

（1）电网 $N-1$ 安全准则要求。B 类供电区域负荷集中（6～15MW/km²），主要为地级市的市中心区、省会城市（计划单列市）的市区，以及经济发达县的县城，供电可靠性目标为国际平均水平（停电时间 3h）。

B 类供电区域供电可靠性要求较高，高压配电网结构一般要求以双侧电源为主，要求满足 $N-1$ 安全准则要求。B 类供电区域在城市电网中所占比例较大，是城市区域内大部分负荷所在的区域，也是国家电网公司经营区域内主要的负荷区域。

一般情况下，B 类供电区域作为重要的供电区，要求在正常运行方式，能满足用户持续安全供电的要求。当单座变电站负载率在 50%左右（装设 2 台主变压器），或单座变电站负载率在 67%左右（装设 3 台主变压器）时，能够满足主变压器 $N-1$ 安全准则。若负载率水平高于上述限值，需将该站多余的负荷转移至相邻变电站，因相邻变电站负载率也在 50%或 67%左右，完全有能力接受该部分转移的负荷。在这种情况下，需加强相邻变电站下一级网络，保证每个变电站至少可以将其一部分负荷转移至其他变电站。由于 B 类供电区域变电站密度相对较大，变电站距离适度，并不会因此大幅增加投资。

（2）推荐电网结构。B类供电区域供电可靠性要求较高，高压配电网结构一般以双侧电源为主。建议优先采用链式结构，当上级电源点不具备形成链式结构条件时，可采用双环网结构，在上级电网较为坚强且10kV具有较强的站间转供能力时，也可采用双辐射结构。

2.3.4 C类供电区域网架结构

（1）电网 $N-1$ 安全准则要求。C类供电区域负荷较为集中（$1\sim6MW/km^2$），主要为县城、地级市的市区以及经济发达的中心城镇，电网建设目标主要为满足城镇化发展需求，通常采用小城镇典型供电模式。

C类供电区域供电可靠性有一定的要求，高压配电网结构部分采用双侧电源，要求部分满足 $N-1$ 安全准则要求。C类供电区域在城乡配电网中所占比例较大，是城乡区域内大部分负荷所在的区域，也是国家电网公司经营区域内主要的负荷区域。

一般情况下，C类供电区域作为主要的供电区，要求在正常运行方式，能满足部分用户持续安全供电的要求。当单座变电站负载率在50%左右（装设2台主变压器），或单座变电站负载率在67%左右（装设3台主变压器）时，能够满足主变压器 $N-1$ 安全准则。若负载率水平高于上述限值，需将该站多余的负荷转移至相邻变电站，因相邻变电站负载率也在50%或67%左右，完全有能力接受该部分转移的负荷。在这种情况下，需加强相邻变电站下一级网络，保证每个变电站至少可以将其一部分负荷转移至其他变电站。由于C类供电区域变电站密度相对较小，变电站距离较远，因此会大幅增加投资。

（2）推荐电网结构。C类供电区域供电可靠性有一定要求，高压配电网结构采用双侧电源或单侧电源均可，建议优先采用链式、环网结构，也可采用双辐射结构。

2.3.5 D类供电区域网架结构

（1）电网 $N-1$ 安全准则要求。D供电区域负荷较为分散（$0.1\sim1MW/km^2$），主要为县城、城镇以外的乡村、农林场，电网建设目标主要为满足负荷增长需求，通常采用小城镇与新农村典型供电模式。

D类供电区域对供电可靠性有一定的基本要求，高压配电网结构以单侧电源为主，对 $N-1$ 安全准则不做强制要求。D类供电区域在城乡配电网中所占的面积比例较大，但所占的负荷比例较低。D类供电区域体现了国家电网公司经营电网的社会责任。

一般情况下，D 类供电区域要求在正常运行方式，能满足用户安全供电的基本要求。当单座变电站负载率在 50%左右（装设 2 台主变压器）时，能够满足主变压器 $N-1$。若负载率水平高于上述限值，需将该站多余的负荷转移至相邻变电站，因相邻变电站负载率在 50%左右，完全有能力接受该部分转移负荷。在这种情况下，需加强相邻变电站下一级网络，保证每个变电站至少可以将其一部分负荷转移至其他变电站。因 D 类供电区变电站密度较小，变电站距离较远，因此会大幅增加投资。

（2）推荐电网结构。D 类供电区域供电可靠性有一定的基本要求，高压配电网结构一般以单侧电源为主，可采用单辐射结构，有条件的地区也可采用双辐射或环网结构。

2.3.6　E 类供电区域网架结构

（1）电网 $N-1$ 安全准则要求。E 类供电区域负荷极度分散（0.1MW/km^2 以下），主要为人烟稀少的农牧区，电网建设目标主要满足基本用电需求。

高压配电网结构以辐射为主，对 $N-1$ 安全准则不做要求。

一般情况下，E 类供电区域要求在正常运行方式，能满足用户供电的基本要求。

（2）推荐电网结构。E 类供电区域供电可靠性要求不高，一般可采用单辐射结构。

第3章

发达国家和城市配电网典型网架结构

本章分析了新加坡、法国巴黎、日本东京的电网情况，重点分析其配电网网架结构、配电自动化水平以及供电可靠性水平等，以指导我国配电网目标网架结构的规划和建设。

3.1 新加坡

3.1.1 总体情况

新加坡电网服务新加坡约 120 万电力用户，年最大供电负荷为 5624MW。电网分为 400、230、66kV 输电网络和 22、6.6kV 配电网络。在充分了解电网用户发展需求的基础上，新加坡电网按不同电压等级、不同用电可靠性要求，确定变电站及网架的建设规划。

3.1.2 网架结构

（1）66kV 及以上输电网。新加坡电网 4 座 400kV 变电站（电厂）之间采取环网结构接线。

230kV 电网采取 4 分区环网供电方式，每个分区内有 1 座 400/230kV 变电站且有一定发电容量的电厂，分区之间配备较大容量备用联络通道，事故情况下可提供 500MVA 备用容量（1 台 400kV 变压器容量）。

66kV 采用上级电源出自同一座 230kV 变电站的小型环网接线，各环网之间配备有备用联络通道。

新加坡 66kV 及以上电网结构如图 3－1 所示。66kV 及以上电缆线路满足 $N-2$ 安全准则后不过负荷，主变压器和母线满足 $N-1$ 安全准则后不过负荷，各电压等级的电网安全可靠性系数较高，资金投入较大。

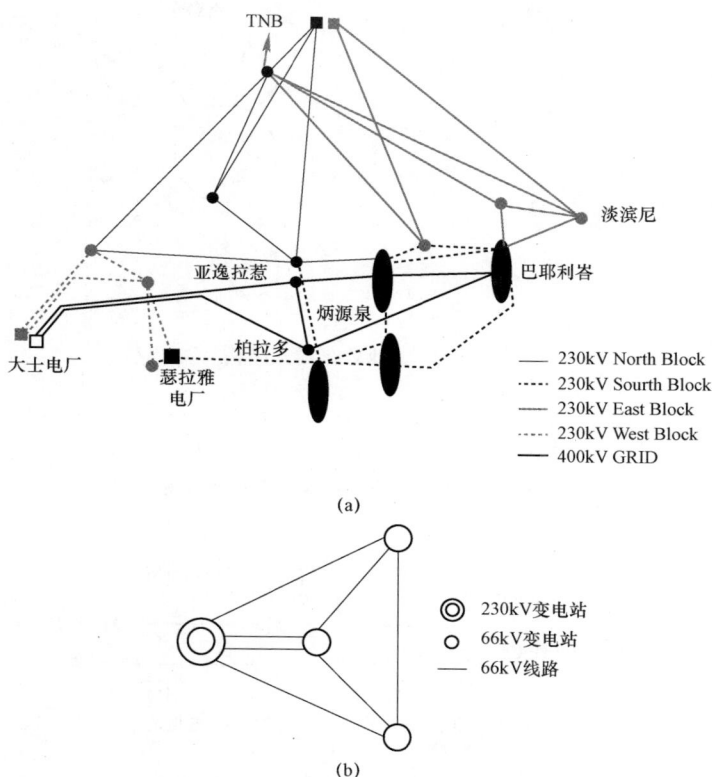

TNB

淡滨尼

亚逸拉惹

巴耶利峇

炳源泉

大士电厂

瑟拉雅
电厂

柏拉多

—— 230kV North Block
······ 230kV Sourth Block
—— 230kV East Block
······ 230kV West Block
━━ 400kV GRID

(a)

◎ 230kV变电站
○ 66kV变电站
—— 66kV线路

(b)

图 3−1　66kV 及以上电网结构

（a）230kV 及以上电网结构；（b）66kV 电网结构

（2）22kV 配电网。22kV 配电网采用以变电站为中心的花瓣形接线，如图 3−2 所示，即同一个双电源变压器并联运行的变电站（66/22kV）的每 2 回馈线构成环网，闭环运行，最大环网负荷不能超过 400A，环网的设计容量为 15MVA。不同电源变电站的花瓣间设置备用联络（1～3 个），开环运行。事故情况下可通过调度人员远方操作，全容量恢复供电。22kV 馈线统一采用 300mm² 铜导体交联聚乙烯电缆。

22kV 母线变压器台数在 3 台及以下时，单母线不分段。当变压器台数大于 3 台时，采用单母线分段的接线方式，如图 3−3 所示。

新加坡电网 22kV 及以上电压等级设备均采用合环运行方式，均未采用自动投切装置，发生单一故障不会造成用户短时间停电。

19

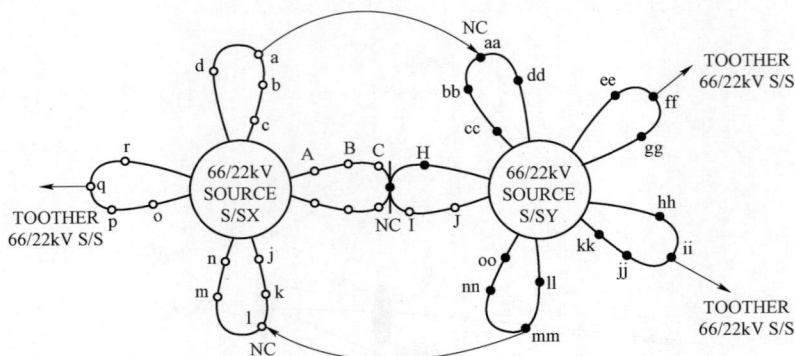

图 3-2　22kV 花瓣式结构

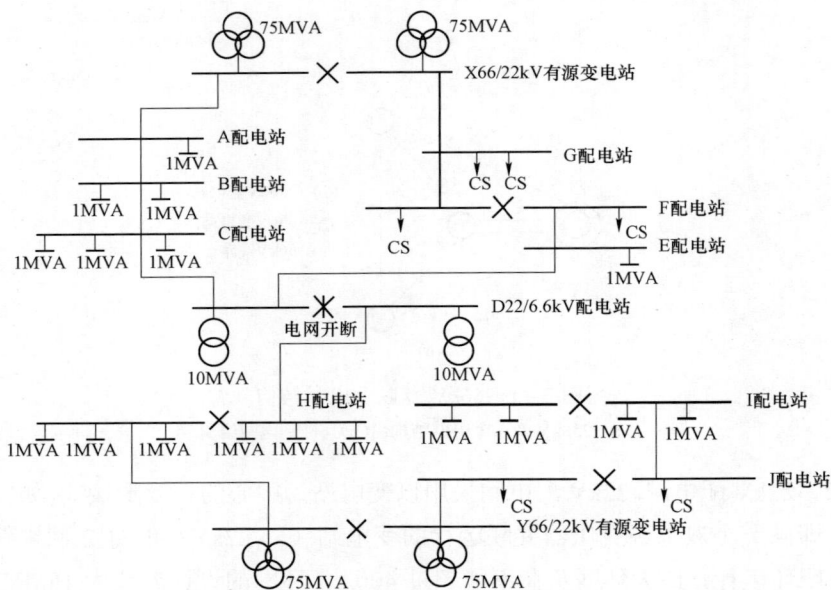

图 3-3　22kV 典型电气接线图

在 22kV 保护配置方面，环网上配置断路器，主保护采用电磁式电流差动保护，利用导引电缆进行传输；保护装置简单可靠，导引线设置适应电缆的接入和电缆改造工程。后备保护采用数字式过电流及接地保护，并配备数据采集与监视控制系统（Supervisory Control And Data Acquisition，SCADA）；事故情况下可通过 SCADA 系统实现远方操作，全容量恢复供电。连接至客户或变压器的支路采用过电流和接地保护。

3.1.3　配电自动化

新加坡在 20 世纪 80 年代中期投运大型配电网的 SCADA 系统，在 90 年代加以发展和完善，最初覆盖 22kV 配电网的 1330 个配电站，目前已将网络管理功能扩展到 6.6kV 配电网，大约 4000 个配电站。为了使故障恢复时间最小化，并有效地利用设施节省工程领域的劳动，新加坡电力公司将配电自动化系统发展到旗下所有的 22 个分公司。

为了应对配电网面临的新环境，如分布式电源的大规模接入及设备对电能质量和用电可靠性要求的不断提高等，新加坡发展了高级配电自动化系统（Advanced DAS，ADAS）。ADAS 已经在新加坡的一些地区正式投入使用。通过利用 ADAS 掌握配电网的精确运行情况，新加坡电力公司正在着眼发展配电设施的高级应用及电力供应的可靠性管理技术。

为了满足对电能质量更高的要求及缓解大范围分布式电源接入对大电网的冲击，新加坡电力公司发展了支持实时监测配电线数据的 ADAS 系统，以对电能质量进行管理。在 ADAS 内装备了大量带有内置传感器的开关，这些开关被用来监视并测量配电网的零序电压和零序电流。同时，带有 TCP/IP 接口的远程终端单元（Remote Terminal Unit，RTU）可以对测量的数据进行计算并通过光纤网络把数据传输回中心控制系统，这些高级 RTU 功能的实现也完善了 ADAS 的整体系统结构。ADAS 通过 RTU 实现的高级功能主要分电能质量监测和故障现象预警两类。

3.1.4　供电可靠性

新加坡根据用户的重要程度进行可靠性分级，规范了不同等级用户的典型网架结构。新加坡电网公司的管理不但能够满足新加坡政府的监管要求，而且在国际电力企业中也名列前茅，尤其是用户年平均停电时间、停电次数等指标。新加坡年平均停电时间仅为 0.5min/户，用户年平均停电次数仅为 0.01 次/户。

此外，新加坡电网目前已成为世界上对状态监测应用最好的电网。推行状态监测的原动力是新加坡政府和用电客户对供电质量越来越高、价格越来越低的要求，目的是实时掌握电网设备健康状况，预防设备事故，改善设备质量，延长设备寿命，积累设备数据，减少运行成本。在大规模推行状态监测后，入网设备质量得到了保证，主设备检修停电周期和使用寿命明显加长，用户年平均停电时间发生了数量级的变化，从几分钟降低到了 0.5min。

电网管理指标能够在国际同行业保持较大领先优势，固然有新加坡政府服务功能到位、社会文明程度较高、市场机制比较健全和电网规模较小、易于管理的客观原因，但是起主要作用的还是新加坡电网公司在电网管理方面先进的理念、科学的方法和高效的执行。

3.2 巴黎

3.2.1 总体情况

巴黎大区面积为 1.2 万 km^2，人口占法国的 18%，GDP 占法国的 28%。巴黎城网面积为 $105km^2$，负荷密度为 28.95MW/km^2。

法国高压有 225、90、63kV，大城市采用 225kV，中、小城市采用 90、63kV；中压为 20、15kV。巴黎通过近 50 年对中压电网进行改造，取消了其他等级，统一为 20kV。

3.2.2 网架结构

巴黎城区输电网采取 400kV 双环网，较为坚强可靠；225kV 电网及变电站接线基本采用线路变压器组接线方式，可靠性一般；巴黎城区 20kV 配电网打造为双环或三环网方式，并配置自动化设备，具有高可靠性，以中压电网高可靠性弥补高压电网的相对薄弱，形成"强—弱—强"的电网接线方式，使投资效益最大化。巴黎网架结构如图 3-4 所示。

（1）高压配电网。225kV 线路呈放射状；1 条 225kV 线路带 2 座变电站，最多带 3 座；变电站内没有进线开关和变压器开关，开关在线路对侧变电站。36 座变电站（225/20kV）分布在 3 个同心层上，每座变电站以 6 回 20kV 线路组成的集群馈线组形成同一层之间的变电站站间联络。

通过坚强的 20kV 配电网架，较高的配电自动化水平，控制用户接入，主干线负载率 33%，支撑薄弱的 225kV 电网，能够在失去 2 座 225kV 变电站条件下将全部负荷转移，满足输电网 $N-2$ 安全准则要求。

（2）中压配电网。法国中压配电网结构比较清晰、简洁，全部为环网结构，根据负荷密度和可靠性需求分为双环网、城市单环网、农村单环网。配电变压器（含公用变压器和用户变压器）"嵌入"到配电网之中，配电变压器接入类型与配电网结构密切相关。

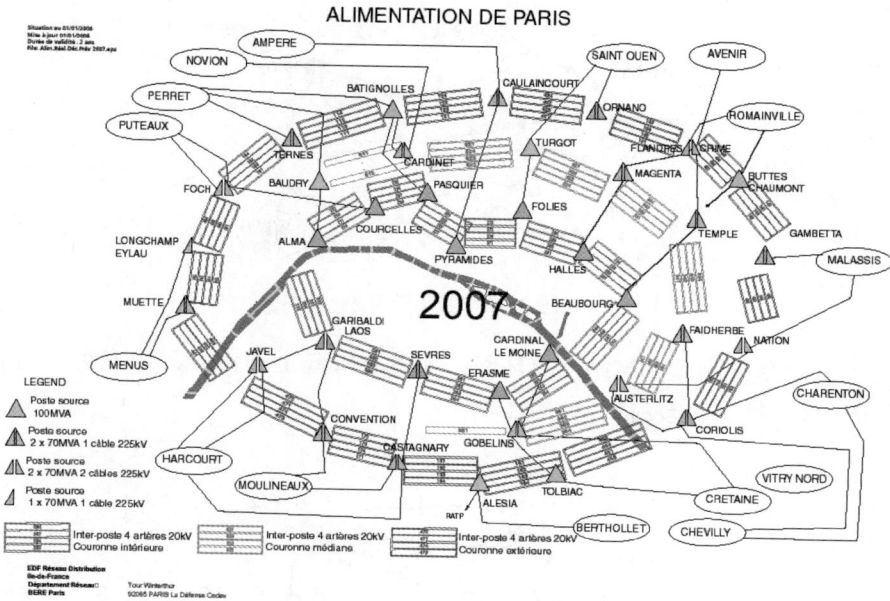

图 3-4　巴黎电网结构示意图

1）双环网：变电站间双环网，配电变压器双 T 结构接入主干网，只限于巴黎城市高负荷密度地区（小巴黎地区），如图 3-5 所示。

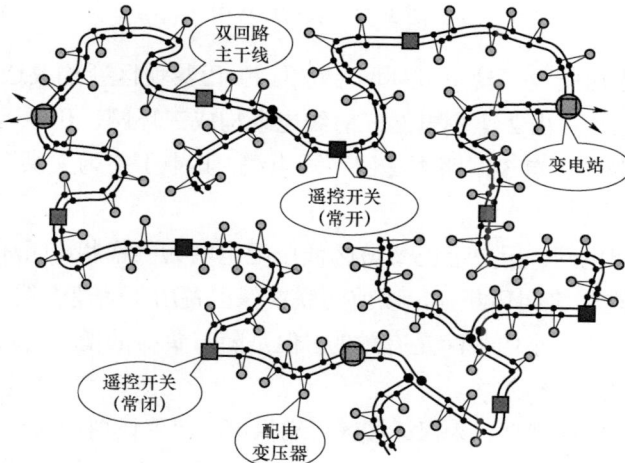

图 3-5　双环网

2）城市单环网：变电站间单环网，配电变压器开断接入主干网，适用于除巴黎之外的其他城市，如图 3-6 所示。

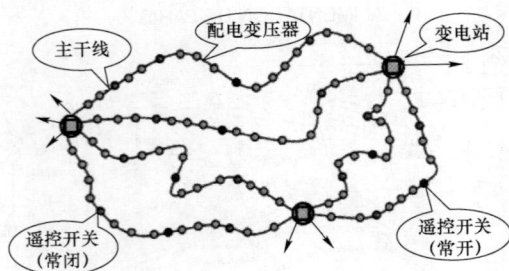

图 3-6 城市单环网

3）农村单环网：变电站间单环网，配电变压器 T 结构接入主干网，适用于非城市地区（城镇、乡村），如图 3-7 所示。

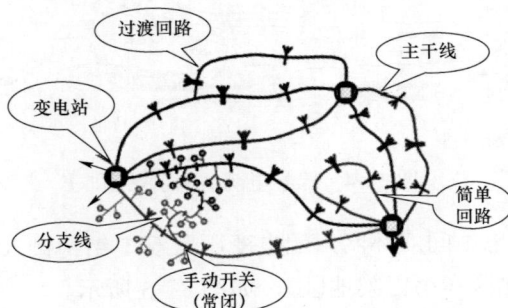

图 3-7 农村单环网

巴黎城区中压配电网现以双环网结构为主；巴黎城区新建改造中压配电网逐步采用三环网结构，由 2 座变电站三射线电缆构成三环网，开环运行。每座配电室双路电源分别 T 接自 3 回路中 2 回不同电缆，其中 1 路为主供，另 1 路为热备用，如图 3-8 所示。

（3）低压配电网。历史上巴黎城区低压配电网为网格状、闭环运行，1990~2000 年闭环改造，将闭环断开，以前的联络保留备用，新建的线路均为放射式。因为网格状电网排除小的故障是有效的，但是随着负荷的增长，偶发的大故障会像多米诺骨牌效应一样扩大。

（4）配电网发展规划。为保证城区可靠供电，巴黎计划在未来 30 年内更换城区所有 3000km 纸绝缘电缆（运行均大于 30 年，最长达 80 年），结合老旧电缆更新，法国对中压电网进行改造，考虑将中压主干网架由 6 条电缆改为 3 条，在中压电网 3 个圈之间纵向互联，配电变压器仍以双 T 接入，部分变电站之间有安全备用回路，即在 3 个同心层电网之间建立链路，形成"鸟巢"结构，供电范围呈"梅花"状。

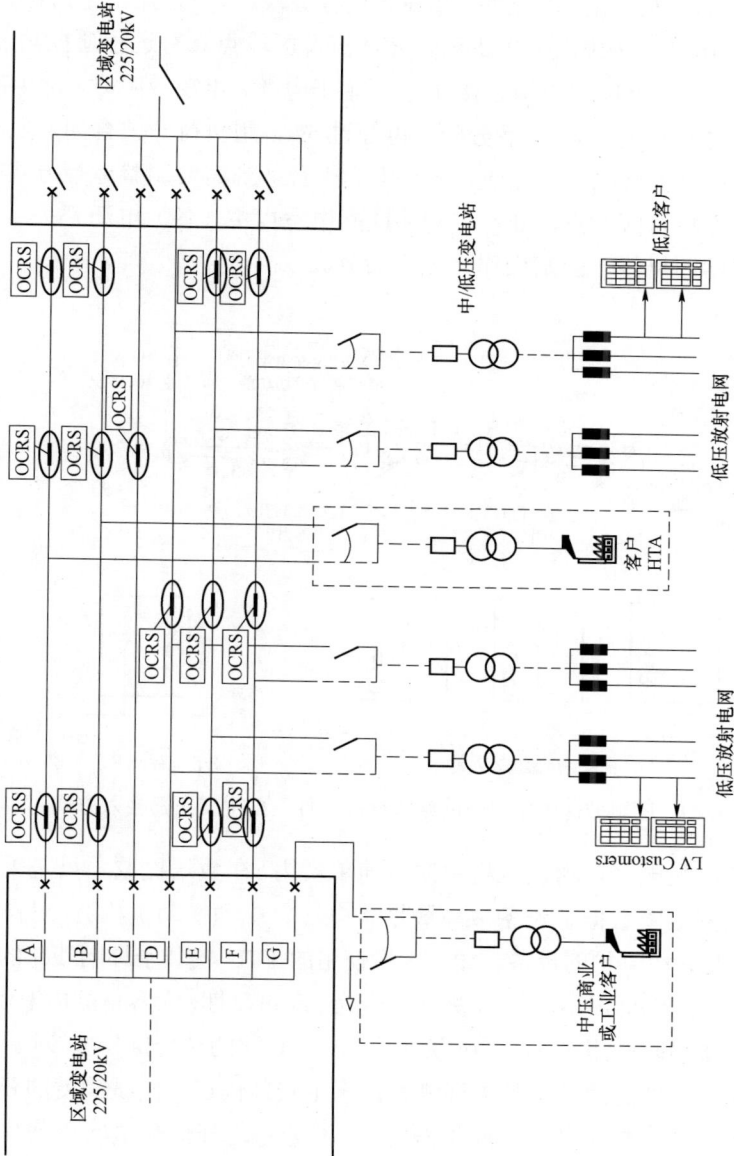

图 3 – 8　巴黎城区 20kV 三环网示意图

3.2.3 配电自动化

巴黎城区双环网采用分段元件（OCR）进行分段，分段元件之间的配电变压器数量不超过 10 个，如图 3-9 所示。开环点及区段点具有远程遥控功能，中/低压配电室主、备 2 路电源电缆直接 T 接至主干电缆，电缆故障时，配电室主供负荷开关在变电站开关跳闸 3s 后分闸，再经过 5s 备用负荷开关合闸，配电室供电恢复，即通过设备自动装置完成，无需人为干预。当需要调整运行方式时，通过遥控方式远方拉合区段点、开环点开关或配电室内主（备）电源开关。主、备线电源来自同站同母线，倒闸操作，先合后分。

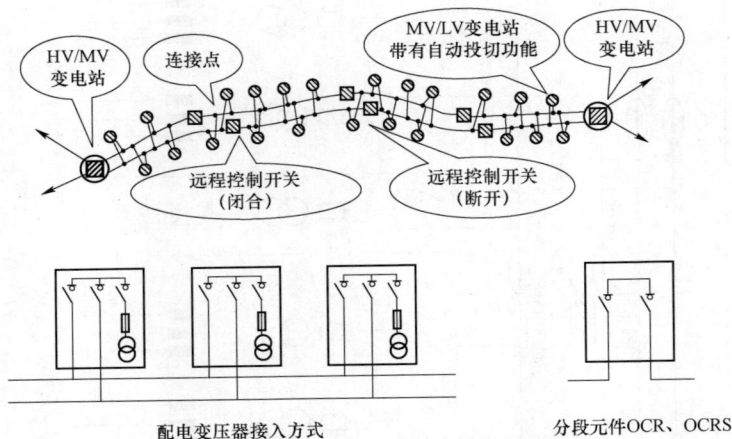

图 3-9 巴黎城区中压双环网结构分段元件及配电变压器接入方式

巴黎在实施配电网自动化过程中注重简单实用，在数据提取上只是采集必需的数据，如电网故障数据、设备故障数据（电池、电动操动机构）；对自动化设备要求安装简易、少维护的设备。如其大量使用的 FTU 安装于环网线路的联络开关或分段开关，采用防误插座端子，配备长寿命、高可靠性、大容量的电池供电（满足大于 20h 的备用时间用于 SCADA 通信和开关 10 次的拉合操作），对新装 FTU 能够由厂家提供简便的测试工具进行测试，满足安装快速、测试简便的要求。

法国配电公司还根据其地域配电网特点，充分考虑降低配电网自动化建设投资，大量配置具备通信功能的故障指示器，故障信息可以直接发送到 SCADA，快速锁定故障区段，缩短故障查找时间。设备安装周期短、配置及人员培训相对较快。设备集成性、兼容性好，安装简便。

3.2.4　供电可靠性

　　巴黎城区 1992～2007 年用户年平均停电时间如图 3-10 所示,巴黎城区 2007 年平均停电时间为 10min，2008 年平均停电时间为 20min（高于 2007 年，主要由隧道起火造成）。2012 年用户年平均停电时间为 15min。

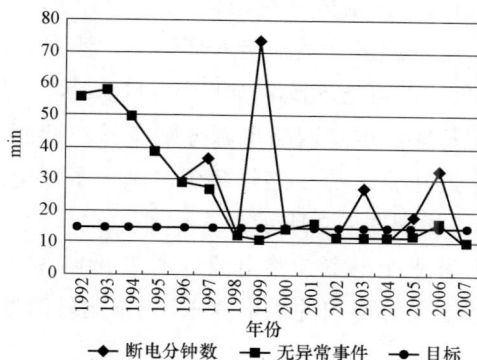

图 3-10　巴黎城区 1992～2007 年用户年平均停电时间

3.3　东京

3.3.1　总体情况

　　东京电网由东京电力公司负责运营和管理，供电面积为 39 494km²，供电人口为 4475 万人，最高负荷为 6430 万 kW（2001 年）。东京中心区最大负荷为 13 940MW，面积为 617km²，负荷密度为 22MW/km²。目前东京电网负荷已基本饱和，1997～2002 年东京电网负荷年均增长约为 0.6%。

　　东京电网电压等级包括（1000）、500、275、154、66、22、6.6kV 以及 415、240、200、100V。其中，154kV 只出现在东京的外围，而 22kV 则在首都中心的负荷高密度地区采用；415、240V 为银座、新宿等超高密度地区中的低压电压等级。1000kV 网架目前降压运行。

　　东京电网结构为围绕城市的 500kV 双 U 形环网，由 500kV 外环网上设置的 500/275kV 变电站引出同杆并架的双回 275kV 架空线，向架空与电缆交接处的 275/154kV 变电站供电，然后由该变电站向一方向引出 3 回 275kV 电缆，向市中心 275/66kV 变电站供电，每 3 回电缆串接 3 座 275/66kV 负荷变电站，然后与另一个 275kV 枢纽变电站相连，形成环路结构。电网标准频率为 50Hz。

3.3.2 网架结构

（1）22kV 电缆网结构。东京 22kV 电缆网主要用于东京银座等高负荷密度区，采用单环网、双射式、三射式三种结构。

1）单环网结构：用户通过开关柜接入环网中，满足了单电源用户的供电需求，正常运行时线路负载率可达 50%，如图 3-11 所示。

2）双射式结构：每座配电室双路电源分别 T 接自双回主干线（或 3 回主干线中的 2 回），其中 1 路主供，另 1 路热备用，满足了双电源用户的供电需求，线路利用率可达 50%，如图 3-12 所示。

3）三射式结构：每座配电室 3 路电源分别 T 接自 3 回主干线，3 回线路全部为主供线路，满足了 3 电源用户的供电需求，正常运行时线路负载率可达 67%，如图 3-13 所示。

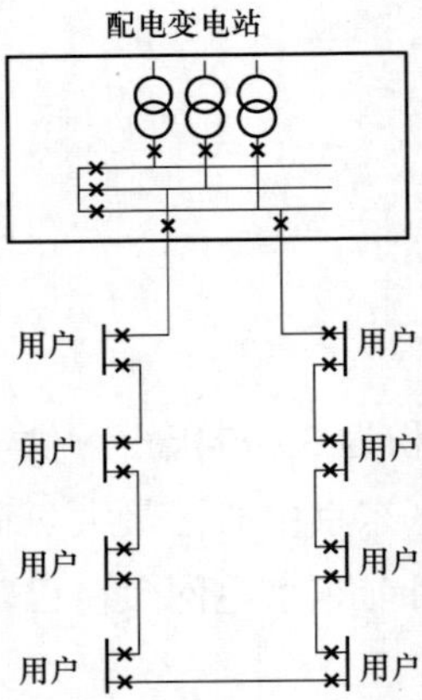

图 3-11 单环网结构 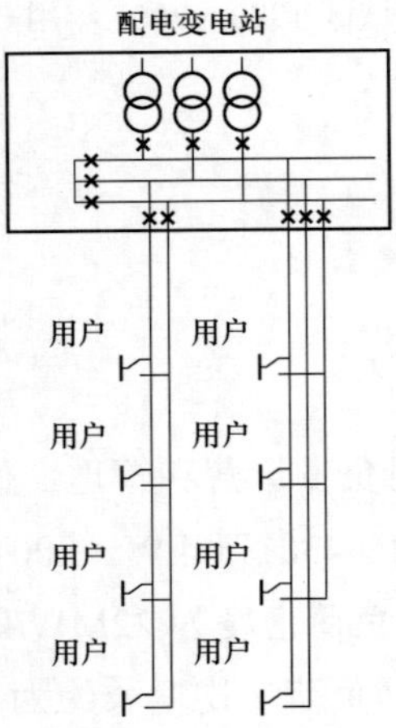   图 3-12 双射式结构 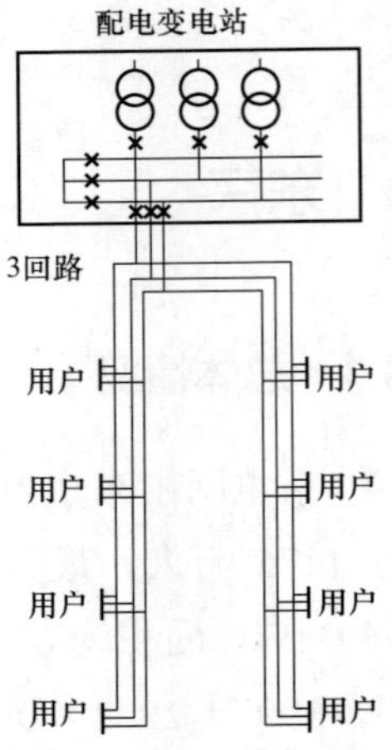   图 3-13 三射式结构

（2）6kV 配电网结构。6kV 配电网适用于东京高负荷密度区之外的一般城市地区，包括多分段、多联络架空网和多分割、多联络电缆网两种结构。

1）多分段、多联络架空网结构：一般为 6 分段 3 联络，在故障或检修时，线路不同区段的负荷转移到相邻线路，如图 3-14 所示。

2）多分割、多联络电缆网结构：从 1 进 4 出开关站的出线构成 2 个相对独立的单环网，在故障或检修时，线路不同区段的负荷转移到相邻线路，如图 3-15

所示。

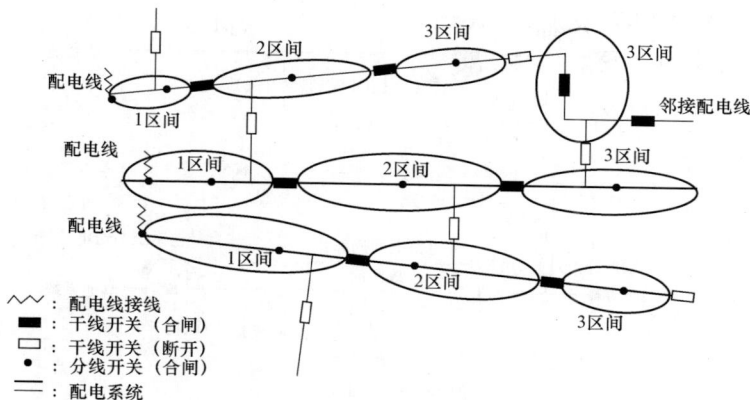

图 3-14　多分段、多联络架空网

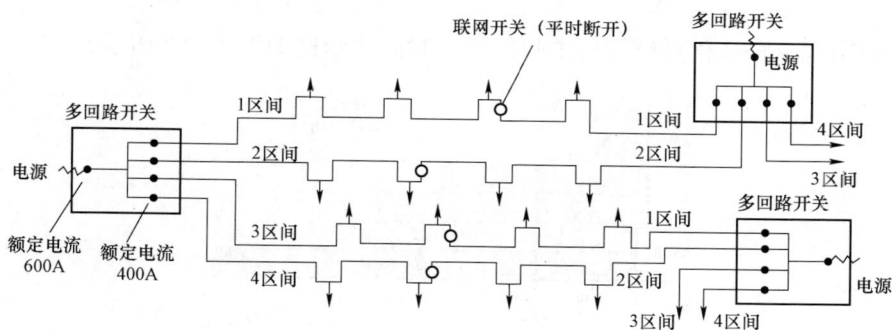

图 3-15　多分割、多联络电缆网

3.3.3　配电自动化

日本配电自动化经历了从自动重合断路器和自动配电开关配合实现故障隔离和恢复供电，再到利用现代通信及计算机技术，实现集中遥信、遥控，并对配电网系统实现信息的自动化处理及监控的发展过程。

日本供电可靠性处于世界领先地位，日本大量采用配电自动化。日本配电自动化系统功能少而精，随着通信技术的快速发展及计算机水平的提高，更多的功能已经逐渐在日本配电自动化系统上大量应用。日本中压配网普遍采用电力载波通信技术。

多分段、多联络架空网的 6kV 架空线路事故时，通过配电自动化系统确定事故区间，把事故时的停电范围控制在最小限度，如图 3-16 所示。

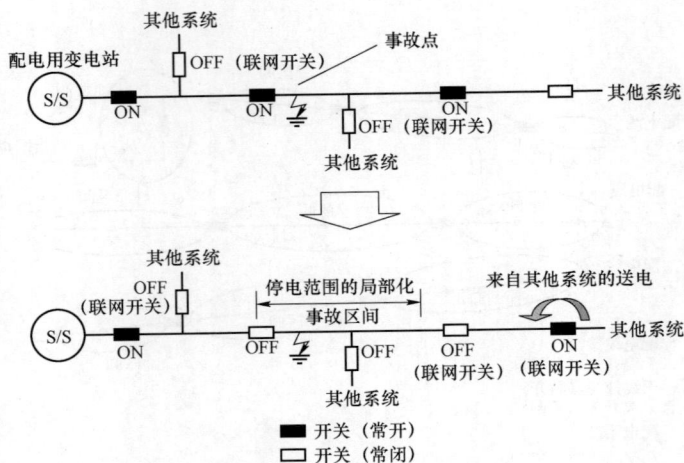

图 3－16 通过配电自动化系统缩小停电范围

使用配电自动化系统缩短事故后恢复时间的示例如图 3－17 所示。

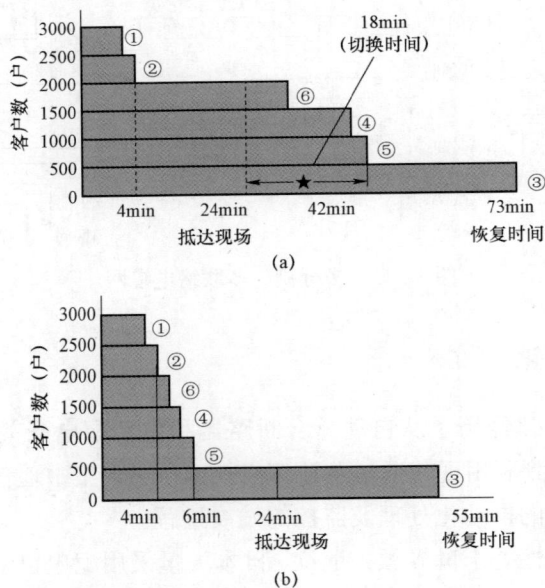

图 3－17 引入自动化前、后的恢复时间
（a）引入自动化之前的恢复时间；（b）引入自动化之后的恢复时间

短时间内可以恢复供电的户数增加，缩短了事故后的恢复时间，户均停电时间（*SAIDI*）得到了改善，引进配电自动化后的效果如图 3－18、图 3－19 所示。

30

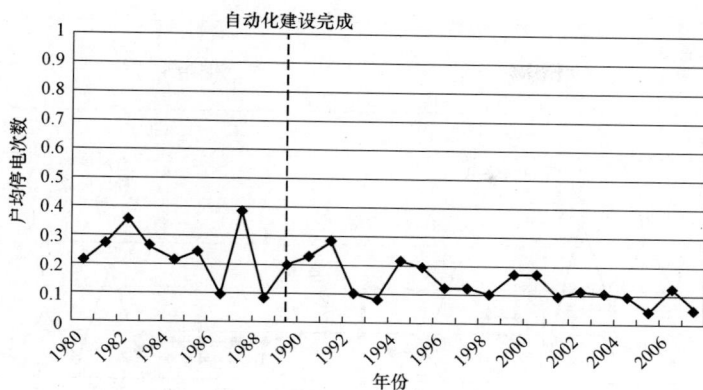

图 3－18　引入自动化之后的户均停电次数

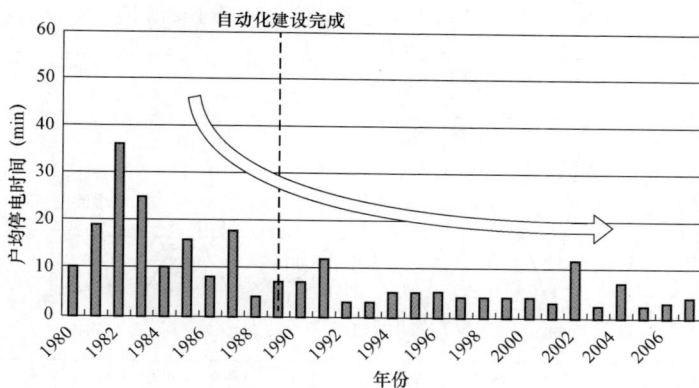

图 3－19　引入自动化之后的户均停电时间

综上所述，使用配电自动化后的效果如下：

（1）缩短了事故后的恢复时间，快速向用户送电，提高了服务质量。

（2）省去了开关操作等现场作业，改善了运行人员的工作环境。

（3）有效利用设备，提高了设备运转率。

3.3.4　供电可靠性

东京 1982～2008 年的 *SAIDI* 和 *SAIFI* 指标如图 3－20、图 3－21 所示，由图中数据可知：

（1）东京的用户平均停电时间由 1982 年的 34min/户降低到 2008 年的 3min/户。

（2）东京的用户平均停电次数由 1982 年的 0.36 次/户降低到 2008 年的 0.12 次/户。

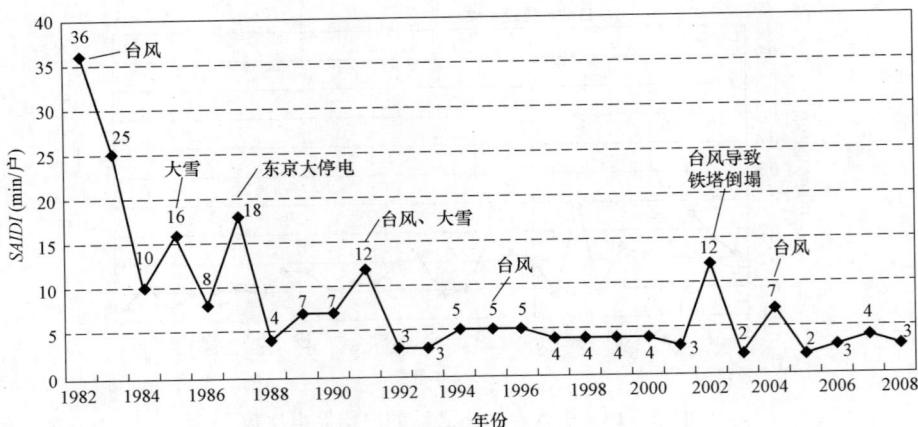

图 3−20　东京历年的平均停电时间分布情况

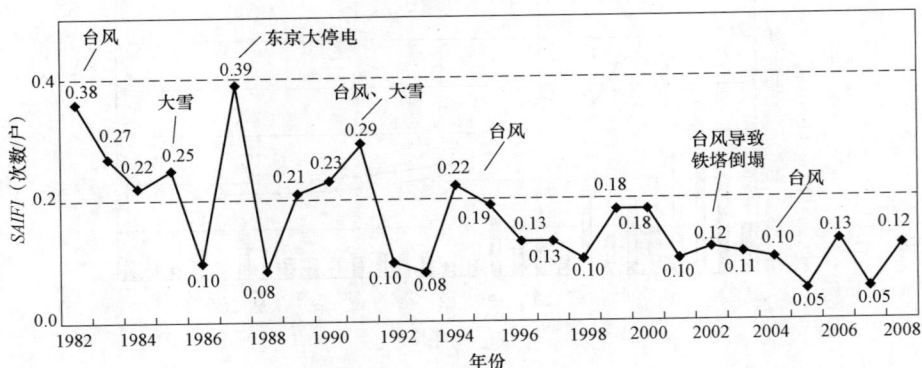

图 3−21　东京历年的平均停电次数分布情况

东京电力公司将复杂带电作业转化为简单不停电作业,即采用切换系统停电施工、旁路电缆等作业方法,在最小范围内设法隔离作业区段进行停电处理并保持对用户的连续供电,将复杂的带电作业项目简化为小范围的不停电作业项目。东京电力公司对带电作业进行了分类固化,任何工作均先进行筛选定型,能够选择带电作业的,基本采用带电作业方式,减少了施工等停电的范围和时间,带电作业方式灵活多样,同时提高带电作业的工器具质量,值得我们借鉴引用。

3.4　国外配电网规划与设计的实践经验

新加坡、巴黎和东京等国外发达国家和城市的配电网结构比较清晰、互联率高、类型少、标准化程度高，配电自动化应用范围广，以电网规划指导用户接入，主干线负荷分布均衡，电网转供互带能力强。

3.4.1　新加坡

（1）网架结构方面。网架结构设计充分考虑 $N-1$ 安全准则。22kV 采用环网结构组成花瓣式结构闭环运行，馈线按照 50% 负荷设计。保护配置方面，环网上配置断路器，主保护采用电磁式电流差动保护；后备保护采用数字式过电流及接地保护；至客户或变压器的支路采用过电流和接地保护。

400V 采用环网接线开环运行，变压器低压出线采用隔离开关不带断路器或保护，分支出线采用 RTO 型熔断器，没有架空线，全部为电缆。

（2）配电自动化方面。拥有先进的输、配电自动化控制模式。在新加坡，所有变电站、配电站都无人值班，全部操作由控制中心遥控完成。配电调度控制中心装备有配电网数据采集与监控/配电管理系统（SCADA/DMS），监控范围为 66kV 以下配电网络。配电自动化已在大约 4000 个配电站投入使用，目前非故障段供电恢复时间已减少到只有几分钟。

（3）供电可靠性方面。新加坡电网是目前世界上对状态监测应用最好的电网。在大规模推行状态监测后，入网设备质量得到了保证，主设备检修停电周期和使用寿命明显加长，用户年平均停电时间发生了数量级的变化，从几分钟降低到 0.5min。

因新加坡供电面积小、经济发达、对供电可靠性要求非常高，新加坡电网公司以高昂的投资打造了一个高可靠性的电缆输配电网，有"一劳永逸"的观念渗透到其电网规划中。相对而言，我国幅员辽阔，不可能复制新加坡电网模式，不过，在一些经济发达、供电可靠性要求高的城市或地区，则可以借鉴新加坡电网供电模式，逐渐形成和完善中压供电系统和配网自动化系统，加强城市土建工程的监管和管理，改善城市供电可靠性。

3.4.2　巴黎

（1）网架结构方面。重视对中压配电网主干网架的研究，强调网架结构的清晰简洁及其功能的灵活性。以中压电网高可靠性弥补高压电网的相对薄弱，形成"强—弱—强"的电网接线方式，使投资效益最大化。巴黎城区配电网采用双环网结构，已经具备能够抵御 2 座变电站同时故障的小概率风险能力，供电可靠性已名列世界前茅，目前法国配电公司仍在考虑完善配电网架结构。在开展一次网架设计的同时，考虑分段元件配置和自动化配置，保障了配电网的适应性，为提高可靠性和经济性奠定基础。

（2）配电自动化方面。巴黎地区配电网自动化主要应用于中压电缆线路，单环网、双环网和三环网线路的分段点、联络点配备自动化功能，主要用于故障快速定位、隔离，快速恢复非故障段线路供电，目前配电网自动化已经成为巴黎中压配电网运行管理和故障处理的有效手段，并发挥了重要的作用。

巴黎配电网自动化的建设和应用有以下方面值得国家电网公司借鉴：配电网自动化应用方式、功能和配电网的结构紧密相关，巴黎中压配电网主要为单环网或双环网开环运行，具备从两个不同方向即 2 座变电站供电的条件，自动化手段可将无故障段供电恢复时间较大幅度提高；巴黎自动化设备功能简单实用，主要为 20kV 开关柜遥信、遥控、蓄电池异常等，变压器和低压设备未与自动化设备连接；巴黎地区配电网自动化在按计划逐步推进的过程中，同步开展配电网自动化的应用，即建设、应用、维护同步开展。

3.4.3 东京

（1）配电自动化方面。在保证供电可靠性的情况下，力求投资最小。例如，东京 6kV 架空网采用 6 分段 3 联络，虽然 1 条中压线路有 6 个分段，但只有 3 个分段配置了自动化开关。

（2）保证供电可靠性方面。广泛推广带电作业和不停电作业，形成了《带电施工法》和《不停电施工法》，《带电施工法》对带电施工的装配等进行了详细规定，自从 1985 年实行《不停电施工法》后，户均施工停电时间从 34min 降到了 2min。

第4章

配电网目标网架结构规划原则、构建思路及要求

本章主要介绍配电网目标网架结构规划原则、构建思路及各类供电区域目标网架结构应满足的可靠性及供电安全水平要求。

4.1 基本规划原则

配电网目标网架结构的规划应遵循以下基本原则：

（1）合理的电网结构是满足供电可靠性、提高运行灵活性、降低网络损耗的基础。高压、中压和低压配电网三个层级应相互匹配、强简有序、相互支援，以实现配电网技术经济的整体最优。A+、A、B、C类供电区的配电网结构应满足以下基本要求：

1）正常运行时，各变电站应有相互独立的供电区域，供电区域不交叉、不重叠，故障或检修时，变电站之间应有一定比例的负荷转供能力。

2）在同一供电区域内，变电站中压出线长度及所带负荷宜均衡，应有合理的分段和联络；故障或检修时，中压线路应具有转供非停运段负荷的能力。

3）高可靠性的配电网结构应具备网络重构能力，便于实现故障自动隔离。

4）D、E类供电区域的配电网以满足基本用电需求为主，可采用辐射状结构。

（2）配电网的拓扑结构包括常开点、常闭点、负荷点、电源接入点等，在规划时需合理配置，以保证运行的灵活性。各电压等级配电网的主要结构如下：

1）高压配电网结构主要有链式、环网和辐射状结构；变电站接入方式主要有 T 接和 Π接。

2）中压配电网结构主要有双环式、单环式、多分段适度联络和辐射状结构。

3）低压配电网宜采用辐射状结构。

（3）高压配电网电网结构应遵循以下基本原则：

1）同一地区同类供电区域的电网结构应尽量统一。

2）A+、A、B类供电区域的35～110kV变电站宜采用双侧电源供电，条件不具备或电网发展的过渡阶段，也可同杆架设双电源供电，但应加强10kV配电网的联络。

（4）中压配电网电网结构应遵循以下基本原则：

1）对于供电可靠性要求较高的区域，应加强中压主干线路之间的联络，在分区之间构建负荷转移通道。

2）10kV架空线路主干线应根据线路长度和负荷分布情况进行分段（一般不超过5段），并装设分段开关，重要分支线路首端亦可安装分段开关。

3）10kV电缆线路一般可采用环网结构，环网单元通过环进环出方式接入主干网。

4）双射式、对射式可作为辐射状向单环式、双环式过渡的电网结构，适用于配电网的发展初期及过渡期。

5）应根据城乡规划和电网规划，预留目标网架的廊道，以满足配电网发展的需要。

4.2 构建思路

高压配电网目标网架以"基于现状，适度加强"为原则；中压配电网目标网架以"规范清晰、转供能力强"为原则；低压配电网目标网架以"简单"为原则。高压、中压和低压配电网三个层级应相互匹配、相互支援，配电网目标网架结构的构建思路为：

（1）中压强联络：加强中压主干线路之间的联络，提高中压线路互供率，以满足中压层级的供电安全水平要求（即第一、第二级供电安全水平）。

（2）输配协调：高压配电网与中压配电网协调配合，当高压配电网的上级220（330）kV电源点不足时，可通过加强由不同上级电源点供电的变电站间的中压主干线路之间的联络，构建负荷转移通道，以便在上级220（330）kV电源点故障时，110kV变电站的重要负荷能够转移。

（3）形态化：以满足经济社会长远发展为目标，构建全域电网的目标组网形态，形成固化的可复制的发展模式，以使目标网架规范化、清晰化。

（4）区块化：中压配电网应根据变电站位置、负荷密度和运行管理的需要，分成若干个相对独立的供电区。如 1 个变电站划分 6 个分区，分区应有大致明确的供电范围，正常运行时一般不交叉、不重叠，分区的供电范围应随新增加的变电站及负荷的增长而进行调整。

4.3　可靠性及供电安全水平要求

4.3.1　供电安全性与供电可靠性的区别与联系

供电安全性与供电可靠性，都是描述电网对用户连续供电的能力，但侧重点有所不同：供电可靠性是指运行条件下电网向负荷连续供电的能力，通常以用户为单位进行评价，其评价指标是统计时间（通常是 1 年）内的平均值，不可以提前进行精确地评估；供电安全性是指停运条件下电网向负荷连续供电的能力，通常以负荷组为单位进行衡量，其评价指标是某种停运条件（通常是 $N-1$ 停运或 $N-1-1$ 停运）下的最小值，可以提前进行精确地评估，因此对城市电网的规划和设计具有重要的指导意义。

表 4-1 从基本定义、评价单位、指标形式、评价指标和主要影响因素等方面，分析了供电安全性和供电可靠性的区别与联系。

表 4-1　　　　　　　　供电安全性与供电可靠性的区别与联系

中文名称	供电可靠性	供电安全性
英文名称	Reliability of Power Supply	Security of Power Supply
基本定义	运行条件下 电网向负荷连续供电的能力	停运条件下 电网向负荷连续供电的能力
评价单位	用户	负荷组
指标形式	统计时间内的平均值	停运条件下的最小值
国际通用评价指标	定量指标： （1）平均供电可用率（$ASAI$）； （2）系统平均停电持续时间（$SAIDI$）； （3）系统平均停电频率（$SAIFI$）； （4）用户平均停电持续时间（$CAIDI$）； （5）用户平均停电频率（$CAIFI$）	暂无
我国常用指标	定量指标： （1）供电可靠率（$RS-1$，即 $ASAI$）； （2）用户平均停电时间（$AIHC-1$，即 $SAIDI$）	定性指标： 故障条件（通常是"$N-1$"或"$N-1-1$"停运）下用户供电是否中断及中断时间

中文名称	供电可靠性	供电安全性
主要影响因素	(1) 元件的故障率； (2) 元件的故障修复时间； (3) 电网的自动化水平； (4) 电网结构； (5) 元件冗余度； (6) 元件容量裕度	(1) 元件的故障修复时间； (2) 电网的自动化水平； (3) 电网结构； (4) 元件冗余度； (5) 元件容量裕度
是否可以提前进行精确地评估	否	是
与风险的关系（风险＝概率×损失）	风险（对风险的反映）	损失（对损失的约束）

4.3.2　供电可靠性要求

Q/GDW 1738—2012《配电网规划设计技术导则》提出了各类供电区域的供电可靠率规划目标，见表4-2。

表4-2　　　　　　　　　　供电可靠率规划目标

供电区域	供电可靠率（$RS-3$）
A＋	≥99.999%（用户年平均停电时间不高于5min）
A	≥99.990%（用户年平均停电时间不高于52min）
B	≥99.965%（用户年平均停电时间不高于3h）
C	≥99.897%（用户年平均停电时间不高于9h）
D	≥99.828%（用户年平均停电时间不高于15h）
E	不低于向社会承诺的指标

注　$RS-3$计及故障停电和预安排停电（不计系统电源不足导致的限电）。

4.3.3　供电安全水平要求

Q/GDW 1738—2012《配电网规划设计技术导则》还规定了配电网的供电安全水平要求。供电安全标准规定了不同电压等级配电网单一元件故障停运后，允许损失负荷的大小及恢复供电的时间。配电网供电安全标准的一般原则为：接入的负荷规模越大，停电损失越大，其供电可靠性要求越高，恢复供电时间要求越短。根据组负荷规模的大小，配电网的供电安全水平可分为三级，见表4-3。

表 4-3　　　　　　　　　　　　配电网的供电安全水平

供电安全等级	组负荷范围（MW）	对应范围	单一故障条件下组负荷的停电范围及恢复供电的时间要求
1	≤2	低压线路、配电变压器	维修完成后：恢复对组负荷的供电
2	2～12	中压线路	（1）3h 内：恢复（组负荷－2MW）； （2）维修完成后：恢复对组负荷的供电
3	12～180	变电站	（1）15min 内：恢复负荷≥min（组负荷－12MW，2/3 组负荷）； （2）3h 内：恢复对组负荷的供电

（1）第一级供电安全水平要求。对于停电范围不大于 2MW 的组负荷，允许故障修复后恢复供电，恢复供电的时间与故障修复时间相同。

该级停电故障主要涉及低压线路故障、配电变压器故障，或采用特殊安保设计（如分段及联络开关均采用断路器，且全线采用纵差保护等）的中压线段故障。停电范围仅限于低压线路、配电变压器故障所影响的负荷、特殊安保设计的中压线段，中压线路的其他线段不允许停电。

该级标准要求单台配电变压器所带的负荷不宜超过 2MW，或采用特殊安保设计的中压分段上的负荷不宜超过 2MW。

（2）第二级供电安全水平要求。对于停电范围在 2～12MW 的组负荷，其中不小于组负荷减 2MW 的负荷应在 3h 内恢复供电；余下的负荷允许故障修复后恢复供电，恢复供电的时间与故障修复时间相同。

该级停电故障主要涉及中压线路故障，停电范围仅限于故障线路上的负荷，而该中压线路的非故障段应在 3h 内恢复供电，故障段所带负荷应小于 2MW，可在故障修复后恢复供电。

A＋类供电区域的故障线路的非故障段应在 5min 内恢复供电，A 类供电区域的故障线路的非故障段应在 15min 内恢复供电，B、C 类供电区域的故障线路的非故障段应在 3h 内恢复供电。

该级标准要求中压线路应合理分段，每段上的负荷不宜超过 2MW，且线路之间应建立适当的联络。

（3）第三级供电安全水平要求。对于停电范围在 12～180MW 的组负荷，其中不小于组负荷减 12MW 的负荷或者不小于 2/3 组负荷（两者取小值）应在 15min 内恢复供电，余下的负荷应在 3h 内恢复供电。

该级停电故障主要涉及变电站的高压进线或主变压器，停电范围仅限于故障变电站所带的负荷，其中大部分负荷应在 15min 内恢复供电，其他负荷应在 3h 内恢复供电。

A+、A 类供电区域故障变电站所带的负荷应在 15min 内恢复供电；B、C 类供电区域故障变电站所带的负荷，其大部分负荷（不小于 2/3）应在 15min 内恢复供电，其余负荷应在 3h 内恢复供电。

该级标准要求变电站的中压线路之间宜建立站间联络，变电站主变压器及高压线路可按 $N-1$ 安全准则配置。

4.3.4 供电安全标准与供电可靠性关系分析

考虑实际情况，A 类区域三级故障率可设为 0.015 次/座年。同时，假设 A 类供电区域每年各级故障发生比例分别为：第一级：70%；第二级：25%；第三级：5%。则可知二级故障率为 0.075 次/台（条）年，一级故障率为 0.21 次/台（段）年。以此为基础可大致估计出其他几类区域的各级故障率，以及每类区域中各级故障所占比例。

Q/GDW 1738—2012《配电网规划设计技术导则》中给出的供电安全标准都是基于相对严重的情况，事实上，在配电网实际运行中，设备一般都留有裕度，因此，可取该标准中停电负荷的一半作为计算依据，即：一级故障时，损失 1MW 负荷；二级故障时，损失 1～6MW 负荷；三级故障时，损失 6～90MW 负荷。计算时均取损失上限，即各级故障损失分别对应 1、6、90MW。

此外，假设用户负荷平均分布，则每个用户负荷大小均相等，此时用户平均停电时间与用户总数无关，只与总负荷大小有关，则：

用户平均停电时间＝故障率×（优先恢复供电负荷×优先恢复供电时间＋可延后恢复供电负荷×可延后恢复供电时间）/总负荷

基于上式，可得 A+、A、B、C 类供电区域的供电可靠性估算结果（仅考虑某级故障单独发生，且不计预安排停电），见表 4−4。

表 4−4　　　　各类供电区域在各级故障下的供电可靠性估算

故障级别	故障率	区域	总负荷（MW）	优先恢复供电负荷（MW）	优先恢复供电时间（h）	可延后恢复供电负荷（MW）	可延后恢复供电时间（h）	用户平均停电时间（min）	供电可靠率（%）
三级	0.010	A+	90	90	0.25	0	3	0.15	99.999 971
	0.015	A	90	90	0.25	0	3	0.23	99.999 957
	0.017	B	90	60	0.25	30	3	1.19	99.999 774
	0.025	C	90	60	0.25	30	3	1.75	99.999 667

续表

故障级别	故障率	区域	总负荷（MW）	优先恢复供电负荷（MW）	优先恢复供电时间（h）	可延后恢复供电负荷（MW）	可延后恢复供电时间（h）	用户平均停电时间（min）	供电可靠率（%）
二级	0.050	A+	6	5	0.083	1	3	1.71	99.999 675
	0.075	A	6	5	0.25	1	3	3.19	99.999 394
	0.082	B	6	5	3	1	6	17.22	99.996 724
	0.098	C	6	5	3	1	6	20.58	99.996 084
一级	0.095	A+	1	0	0	1	1	5.70	99.998 916
	0.210	A	1	0	0	1	2	25.20	99.995 205
	0.300	B	1	0	0	1	3	54.00	99.989 726
	0.420	C	1	0	0	1	5	126.00	99.976 027

由于各区域不可能只发生单一级别故障，因此可以每类区域中各级故障所占比例为权重，估算出多级故障综合发生时的供电可靠性评估结果，见表 4−5。

表 4−5　　　　各类供电区域在多级故障影响下的供电可靠性估算

区域	用户平均停电时间（min）	供电可靠率（%）
A+	3.913	99.999 256
A	18.448	99.996 490
B	44.191	99.991 592
C	101.253	99.980 736

配电网实际情况千差万别，有时可能比上述估算条件更为苛刻，此外，如果考虑到预安排停电的影响，则其估算结果也会相应降低，则考虑预安排停电后的估算结果见表 4−6。

表 4−6　　　　　　考虑预安排停电的供电可靠性估算

区域	预安排停电所占比例（%）	用户平均停电时间（min）		供电可靠率（%）	
		目标	估算结果	目标	估算结果
A+	20	5	4.89	99.999	99.999 069
A	50	52	36.90	99.990	99.992 980
B	75	180	176.76	99.965	99.966 369
C	80	600	506.27	99.885	99.903 678

注　目标是指 Q/GDW 1738—2012《配电网规划设计技术导则》中规定的供电安全标准。

可见，在上述假设条件下，如果配电网能够达到 Q/GDW 1738—2012《配电网规划设计技术导则》规定的供电安全标准，就可以实现或可能超出每类供电区域所要求的供电可靠性目标。

第5章

配电网目标网架构建

本章以各层级配电网典型结构为基础，以各类供电区域的供电可靠率与供电安全水平为目标，根据配电网目标网架结构的规划原则与构建思路，构建输配协调的配电网目标网架结构，并进行分析，提出配电网不同发展建设阶段的网架结构过渡方式。

5.1 配电网典型结构

Q/GDW 1738—2012《配电网规划设计技术导则》中规定了各类供电区域推荐采用的配电网结构，各类供电区域 35～110kV 配电网典型结构推荐见表 5－1，各类供电区域 10kV 配电网典型结构推荐见表 5－2。220/380V 配电网实行分区供电，应结构简单、安全可靠，一般采用辐射式结构。

表 5－1   35～110kV 配电网典型结构推荐表

电压等级	供电区域类型	链式			环网		辐射	
		三链	双链	单链	双环网	单环网	双辐射	单辐射
110（66）kV	A＋、A 类	√	√	√	√		√	
	B 类	√	√	√	√		√	
	C 类	√	√	√	√	√	√	
	D 类					√	√	√
	E 类							√
35kV	A＋、A 类	√	√	√			√	
	B 类		√	√		√	√	
	C 类		√	√	√		√	

续表

电压等级	供电区域类型	链式			环网		辐射	
		三链	双链	单链	双环网	单环网	双辐射	单辐射
35kV	D 类					√	√	√
	E 类							√

注　1. A+、A、B 类供电区域供电安全水平要求高，35～110kV 电网宜采用链式结构，上级电源点不足时可采用双环网结构，在上级电网较为坚强且 10kV 具有较强的站间转供能力时，也可采用双辐射结构。

　　2. C 类供电区域供电安全水平要求较高，35～110kV 电网宜采用链式、环网结构，也可采用双辐射结构。

　　3. D 类供电区域 35～110kV 电网可采用单辐射结构，有条件的地区也可采用双辐射或环网结构。

　　4. E 类供电区域 35～110kV 电网一般可采用单辐射结构。

表 5－2　　　　　　　　　　10kV 配电网典型电网结构推荐表

供电区域类型	推荐电网结构
A+、A 类	电缆网：双环式、单环式
	架空网：多分段适度联络
B 类	架空网：多分段适度联络
	电缆网：单环式
C 类	架空网：多分段适度联络
	电缆网：单环式
D 类	架空网：多分段适度联络、辐射状
E 类	架空网：辐射状

5.2　输配协调的配电网目标网架构建

以高压配电网典型网架结构为基础，以中压配电网是否实现站间联络为依据构建高、中压配电网相互协调配合的典型网架结构。根据不同的高、中压配电网架结构，共得到 17 种配电网目标网架结构组合方式。

考虑到第一级供电安全水平主要针对低压线路、配电变压器，第二级供电安全水平主要针对中压线路，第三级供电安全水平主要针对变电站，第一、第二级供电安全水平与高压配电网无关，因此，在对各种组合方式进行分析的过程中，进行如下假设：

（1）假设低压线路、配电变压器以及中压线路设计合理，能够满足第一、第二级供电安全水平要求，重点对第三级供电安全水平及上级电源故障的情况进行分析。

（2）馈线自动化的配置也能满足要求，即 A＋、A 类供电区域全部实现馈线自动化。

（3）馈线及变电站的容量裕度满足要求，当存在负荷转移通道时，负荷能够全部转移。

（4）对于结构相同、变电站接入方式不同的电网结构，选取 T 接方式进行分析，Π接方式与 T 接结论类似，不再单独分析。

（5）只针对公用电网进行分析，不考虑专用线路及用户。

本章重点对 110（66）kV 配电网进行分析，35kV 配电网网架结构可参照 110kV 配电网。

5.2.1 辐射

辐射式结构包括单辐射、双辐射两大类。对于单辐射结构，单条 110kV 线路原则上只带 1 座 110kV 变电站。对于双辐射结构，建议线路上 T 接或Π入的变电站座数少于 3 座。

（1）单辐射。

1）高压单辐射—中压站内联络。网架结构示意如图 5-1 所示，该结构中 110kV 变电站由 1 个电源的 1 回线路供电，同一个 110kV 变电站的 10kV 出线形成站内联络。

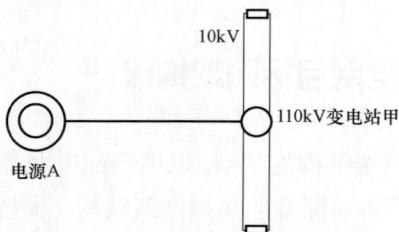

图 5-1 高压单辐射—中压站内联络网架结构示意图

供电安全水平：① 当 110kV 变电站的 1 回高压进线发生故障时，110kV 变电站所带负荷全部失电，此种结构不能满足第三级供电安全水平；② 当 110kV 变电站的上级电源发生故障时，110kV 变电站所带负荷会全部失电；③ 当 110kV

变电站发生故障时，110kV 变电站所带负荷会全部失电。

2）高压单辐射—中压站间联络（不同电源点）。网架结构示意如图 5-2 所示，该结构中 110kV 变电站由 1 个电源送出的 1 回线路供电，10kV 线路与另一座 110kV 变电站的 10kV 出线形成站间联络，且中压互联的 2 个变电站由不同的电源点供电。

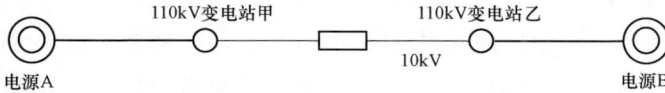

图 5-2　高压单辐射—中压站间联络（不同电源点）网架结构示意图

供电安全水平：① 当 110kV 变电站的高压进线发生故障时，110kV 变电站所带负荷可通过 10kV 线路转移至与之相联的变电站，但在当前的自动化水平下，110kV 变电站所带的负荷不能在 15min 内恢复供电，此种结构不能满足第三级供电安全水平；② 当 110kV 变电站的上级电源发生故障时，110kV 变电站所带负荷可通过 10kV 线路转移至与之相联的变电站；③ 当 110kV 变电站发生故障时，110kV 变电站所带负荷可通过 10kV 线路转移至与之相联的变电站。

经济性：① 1 回高压进线故障情况下，考虑站间转移时 110kV 线路负载率为 50%；② 上级电源故障情况下，考虑站间转移时 110kV 线路负载率为 50%。

（2）双辐射。

1）高压双辐射—中压站内联络。网架结构示意如图 5-3 所示，该结构中 110kV 变电站由同一电源送出的 2 回线路供电，同一个 110kV 变电站的 10kV 出线形成站内联络。

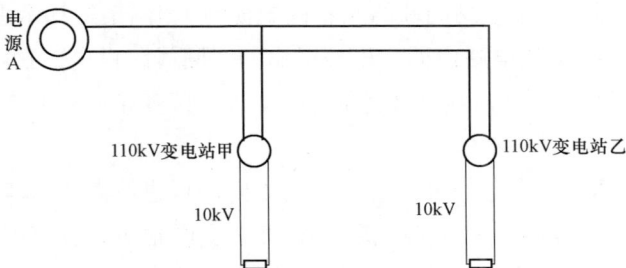

图 5-3　高压双辐射—中压站内联络网架结构示意图

供电安全水平：① 当 110kV 变电站的 1 回高压进线发生故障时，该条线路所带的变压器可由另 1 回线路提供备用，110kV 变电站所带负荷可在 15min 内恢复供电，此种结构满足第三级供电安全水平。② 当 110kV 变电站的 2 回高压进线发生故障时，110kV 变电站所带负荷会全部失电。③ 当 110kV 变电站的上级电源发生故障时，110kV 变电站所带负荷会全部失电。④ 当 110kV 变电站发生故障时，110kV 变电站所带负荷会全部失电。

经济性：1 回高压进线故障情况下，110kV 线路负载率为 50%。

2）高压双辐射—中压站间联络（同一电源点）。网架结构示意如图 5-4 所示，该结构中 110kV 变电站由同一电源送出的 2 回线路供电，10kV 线路与另一座变电站 10kV 出线形成站间联络。

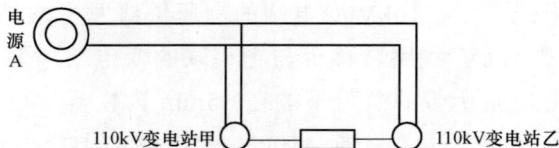

图 5-4　高压双辐射—中压站间联络（同一电源点）网架结构示意图

供电安全水平：① 当 110kV 变电站的 1 回高压进线发生故障时，该条线路所带的变压器可由另 1 回线路提供备用，110kV 变电站所带负荷可在 15min 内恢复供电，此种结构满足第三级供电安全水平。② 当 110kV 变电站的 2 回高压进线发生故障时，110kV 变电站所带负荷可通过 10kV 线路转移至与之相联的变电站。③ 当 110kV 变电站的上级电源发生故障时，110kV 变电站所带负荷会全部失电。④ 当 110kV 变电站发生故障时，110kV 变电站所带负荷可通过 10kV 线路转移至与之相联的变电站。

经济性：1 回高压进线故障情况下，110kV 线路负载率为 50%。

3）高压双辐射—中压站间联络（不同电源点）。网架结构示意如图 5-5 所示，该结构中 110kV 变电站由同一电源送出的 2 回线路供电，10kV 线路与另一座 110kV 变电站的 10kV 出线形成站间联络，且中压互相联络的 2 个变电站由不同的电源点供电。

供电安全水平：① 当 110kV 变电站的 1 回高压进线发生故障时，该条线路所带的变压器可由另 1 回线路提供备用，110kV 变电站所带负荷可在 15min 内恢复供电，此种结构满足第三级供电安全水平。② 当 110kV 变电站的 2 回高压进线发生故障时，110kV 变电站所带负荷可通过 10kV 线路转移至与之相联的变电站。③ 当 110kV 变电站的上级电源发生故障时，110kV 变电站所带负荷可通过

10kV 线路转移至与之相联的变电站。④ 当 110kV 变电站发生故障时，110kV 变电站所带负荷可通过 10kV 线路转移至与之相联的变电站。

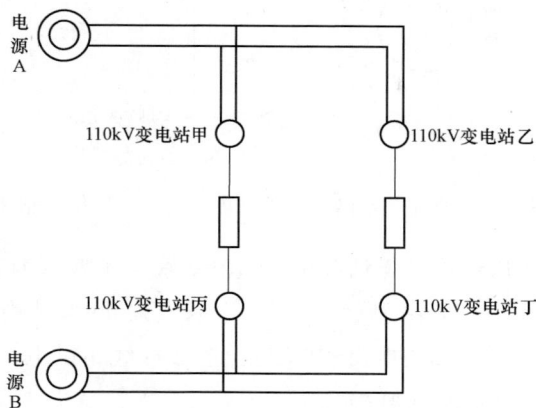

图 5－5　高压双辐射—中压站间联络（不同电源点）网架结构示意图

经济性：① 1 回高压进线故障情况下，不考虑站间转移时 110kV 线路负载率为 50%，考虑站间转移时 110kV 线路负载率为 75%；② 2 回高压进线故障情况下，考虑站间转移时 110kV 线路负载率为 50%；③ 上级电源故障情况下，考虑站间转移时 110kV 线路负载率为 50%。

5.2.2　环网

环网结构包括单环网、双环网两大类。对于环网结构，建议线路上 T 接或Π接的变电站座数不多于 2 座。

（1）单环网。

1）高压单环网—中压站内联络。网架结构示意如图 5－6 所示，该结构中 110kV 变电站由同一电源送出的 2 回线路供电，同一个 110kV 变电站的 10kV 出线形成站内联络。

供电安全水平：① 当 110kV 变电站的 1 回高压进线发生故障时，该条线路所带的变压器可由另 1 回线路提供备用，110kV 变电站所带负荷可在 15min 内恢复供电，此种结构满足第三级供电安全水平。② 当 110kV 变电站的 2 回高压进线发生故障时，110kV 变电站所带负荷会全部失电。③ 当 110kV 变电站的上级电源发生故障时，110kV 变电站所带负荷会全部失电。④ 当 110kV 变电站发生故障时，110kV 变电站所带负荷会全部失电。

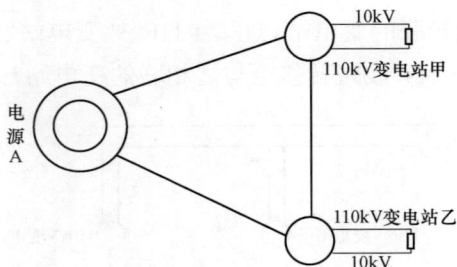

图 5-6　高压单环网—中压站内联络网架结构示意图

经济性：1 回高压进线故障情况下，110kV 线路负载率为 50%。

2）高压单环网—中压站间联络（同一电源点）。网架结构示意如图 5-7 所示，该结构中 110kV 变电站由同一电源送出的 2 回线路供电，10kV 线路与另一座变电站 10kV 出线形成站间联络。

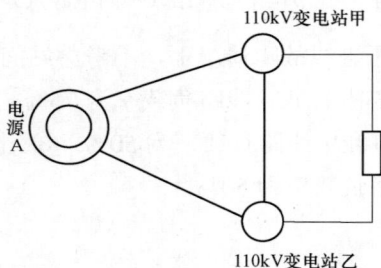

图 5-7　高压单环网—中压站间联络（同一电源点）网架结构示意图

供电安全水平：① 当 110kV 变电站的一回高压进线发生故障时，该条线路所带的变压器可由另一回线路提供备用，110kV 变电站所带负荷可在 15min 内恢复供电，此种结构满足第三级供电安全水平。② 当 110kV 变电站的 2 回高压进线发生故障时，110kV 变电站所带负荷可通过 10kV 线路转移至与之相联的变电站。③ 当 110kV 变电站的上级电源发生故障时，110kV 变电站所带负荷会全部失电。④ 当 110kV 变电站发生故障时，110kV 变电站所带负荷可通过 10kV 线路转移至与之相联的变电站。

经济性：① 1 回高压进线故障情况下，110kV 线路负载率为 50%；② 2 回高压进线故障情况下，考虑站间转移时 110kV 线路负载率为 50%。

3）高压单环网—中压站间联络（不同电源点）。网架结构示意如图 5-8 所示，该结构中 110kV 变电站由同一电源送出的 2 回线路供电，10kV 线路与另一座 110kV 变电站的 10kV 出线形成站间联络，且中压互联的 2 个变电站由不同的电源点供电。

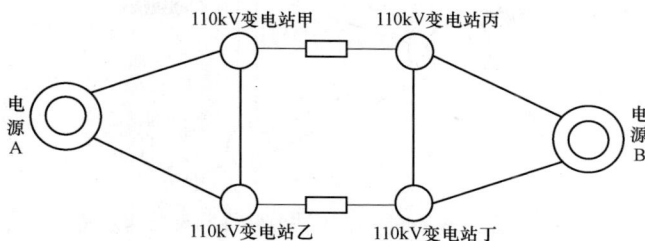

图 5-8　高压单环网—中压站间联络（不同电源点）网架结构示意图

供电安全水平：① 当 110kV 变电站的 1 回高压进线发生故障时，该条线路所带的变压器可由另 1 回线路提供备用，110kV 变电站所带负荷可在 15min 内恢复供电，此种结构满足第三级供电安全水平。② 当 110kV 变电站的 2 回高压进线发生故障时，110kV 变电站所带负荷可通过 10kV 线路转移至与之相联的变电站。③ 当 110kV 变电站的上级电源发生故障时，110kV 变电站所带负荷可通过 10kV 线路转移至与之相联的变电站。④ 当 110kV 变电站发生故障时，110kV 变电站所带负荷可通过 10kV 线路转移至与之相联的变电站。

经济性：① 1 回高压进线故障情况下，不考虑站间转移时 110kV 线路负载率为 50%，考虑站间转移时 110kV 线路负载率为 75%；② 2 回高压进线故障情况下，考虑站间转移时 110kV 线路负载率为 75%；③ 上级电源故障情况下，考虑站间转移时 110kV 线路负载率为 50%。

（2）双环网。

1）高压双环网—中压站内联络。网架结构示意如图 5-9 所示，该结构中 110kV 变电站由同一电源送出的 4 回线路供电，同一个 110kV 变电站的 10kV 出线形成站内联络。

供电安全水平：① 当 110kV 变电站的 1 回高压进线发生故障时，该条线路所带的变压器可由另外 3 回线路提供备用，110kV 变电站所带负荷可在 15min 内恢复供电，此种结构满足第三级供电安全水平；② 当 110kV 变电站的 2 回高压进线发生故障时，该 2 回线路所带的变压器可由另外 2 回线路提供备用；③ 当 110kV 变电站的上级电源发生故障时，110kV 变电站所带负荷会全部失电；④ 当 110kV 变电站发生故障时，110kV 变电站所带负荷会全部失电。

经济性：① 1 回高压进线故障情况下，110kV 线路负载率为 75%；② 2 回

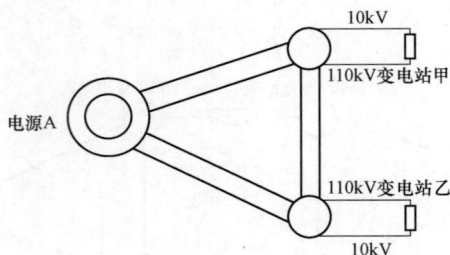

图 5-9 高压双环网—中压站内联络网架结构示意图

高压进线故障情况下，110kV 线路负载率为 50%；③ 3 回高压进线故障情况下，110kV 线路负载率为 50%。

2）高压双环网—中压站间联络（同一电源点）。网架结构示意如图 5-10 所示，该结构中 110kV 变电站由同一电源送出的 4 回线路供电，同一个 110kV 变电站的 10kV 出线形成站内联络。

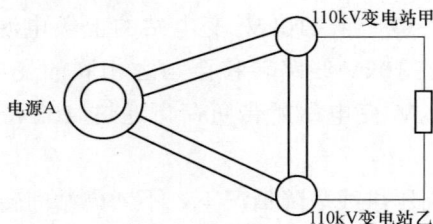

图 5-10 高压双环网—中压站间联络（同一电源点）网架结构示意图

供电安全水平：① 当 110kV 变电站的 1 回高压进线发生故障时，该条线路所带的变压器可由另外 3 回线路提供备用，110kV 变电站所带负荷可在 15min 内恢复供电，此种结构满足第三级供电安全水平；② 当 110kV 变电站的 2 回高压进线发生故障时，该两回线路所带的变压器可由另外 2 回线路提供备用；③ 当 110kV 变电站的上级电源发生故障时，110kV 变电站所带负荷会全部失电；④ 当 110kV 变电站发生故障时，110kV 变电站所带负荷可通过 10kV 线路转移至与之相联的变电站。

经济性：① 1 回高压进线故障情况下，110kV 线路负载率为 75%；② 2 回高压进线故障情况下，110kV 线路负载率为 50%；③ 3 回高压进线故障情况下，110kV 线路负载率为 50%。

3）高压双环网—中压站间联络（不同电源点）。网架结构示意如图 5-11 所示，该结构中 110kV 变电站由同一电源送出的 4 回线路供电，10kV 线路与另

50

一座 110kV 变电站的 10kV 出线形成站间联络，且中压互联的 2 个变电站由不同的电源点供电。

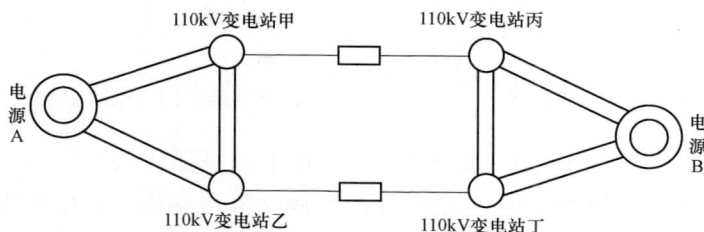

图 5－11　高压双环网—中压站间联络（不同电源点）网架结构示意图

供电安全水平：① 当 110kV 变电站的 1 回高压进线发生故障时，该条线路所带的变压器可由另外 3 回线路提供备用，110kV 变电站所带负荷可在 15min 内恢复供电，此种结构满足第三级供电安全水平；② 当 110kV 变电站的 2 回高压进线发生故障时，该 2 回线路所带的变压器可由另外 2 回线路提供备用；③ 当 110kV 变电站的上级电源发生故障时，110kV 变电站所带负荷可通过 10kV 线路转移至与之相联的变电站；④ 当 110kV 变电站发生故障时，110kV 变电站所带负荷可通过 10kV 线路转移至与之相联的变电站。

经济性：① 1 回高压进线故障情况下，不考虑站间转移时 110kV 线路负载率为 75%，考虑站间转移时 110kV 线路负载率为 87.5%；② 2 回高压进线故障情况下，不考虑站间转移时 110kV 线路负载率为 50%，考虑站间转移时 110kV 线路负载率为 75%；③ 3 回高压进线故障情况下，不考虑站间转移时 110kV 线路负载率为 50%，考虑站间转移时 110kV 线路负载率为 75%；④ 上级电源故障情况下，考虑站间转移时 110kV 线路负载率为 50%。

5.2.3　链式

链式结构包括单链、双链、三链 3 大类。对于单链结构，建议线路上 T 接或Π接的变电站座数不多于 2 座；对于双链结构，建议线路上 T 接或Π接的变电站座数不多于 3 座；对于三链结构，建议线路上 T 接或Π接的变电站座数不多于 4 座。

（1）单链结构。

1）高压单链—中压站内联络。网架结构示意如图 5－12 所示，该结构中 110kV 变电站由不同电源送出的 2 回线路供电，同一个 110kV 变电站的 10kV 出线形成站内联络。

图 5-12　高压单链—中压站内联络网架结构示意图

供电安全水平：① 当 110kV 变电站的 1 回高压进线发生故障时，该条线路所带的变压器可由对侧电源的另 1 回线路提供备用，110kV 变电站所带负荷可在 15min 内恢复供电，此种结构满足第三级供电安全水平；② 当 110kV 变电站的上级电源发生故障时，110kV 变电站所带负荷可通过 110kV 线路由对侧电源转带；③ 当 110kV 变电站发生故障时，110kV 变电站所带负荷全部失电。

经济性：① 1 回高压进线故障情况下，110kV 线路负载率为 50%；② 上级电源故障情况下，110kV 线路负载率为 50%。

2）高压单链—中压站间联络（不同电源点）。包括与之联络的变电站来自相同的链和不同的链两种结构，如图 5-13 所示。该结构中 110kV 变电站由不同电源送出的 2 回线路供电，10kV 线路与另一座 110kV 变电站的 10kV 出线形成站间联络，且中压互联的 2 个变电站由不同的电源点供电。

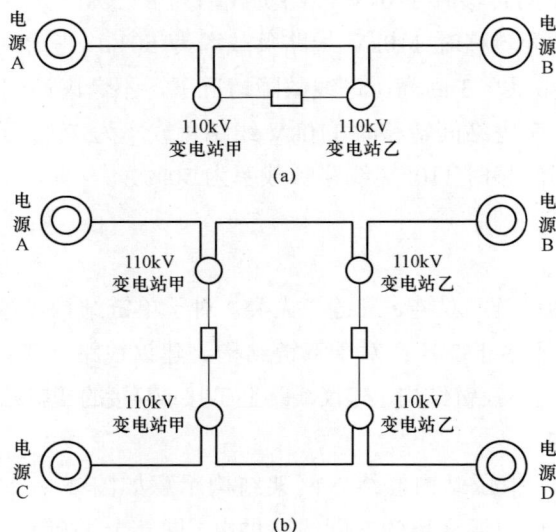

(a)

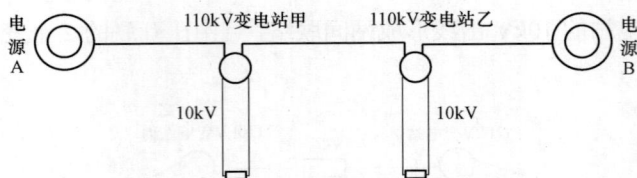

(b)

图 5-13　高压单链—中压站间联络（不同电源点）网架结构示意图
(a) 同一链；(b) 不同链

52

供电安全分析：① 当 110kV 变电站的 1 回高压进线发生故障时，该条线路所带的变压器可由对侧电源的另 1 回线路提供备用，110kV 变电站所带负荷可在 15min 内恢复供电，此种结构满足第三级供电安全水平；② 当 110kV 变电站的上级电源发生故障时，110kV 变电站所带负荷可通过 110kV 线路由对侧电源转带；③ 当 110kV 变电站发生故障时，110kV 变电站所带负荷可通过 10kV 线路转移至与之相联的变电站。

经济性：① 1 回高压进线故障情况下，110kV 线路负载率为 50%；② 2 回高压进线故障情况下，考虑站间转移时 110kV 线路负载率为 50%；③ 上级电源故障情况下，110kV 线路负载率为 50%。

（2）双链结构。

1）高压双链—中压站内联络。网架结构示意如图 5-14 所示，该结构中 110kV 变电站由不同电源送出的 4 回线路供电，同一个 110kV 变电站的 10kV 出线形成站内联络。

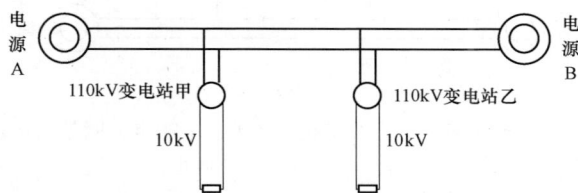

图 5-14　高压双链—中压站内联络网架结构示意图

供电安全水平：① 当 110kV 变电站的 1 回高压进线发生故障时，该条线路所带的变压器可由对侧电源所出线路提供备用，110kV 变电站所带负荷可在 15min 内恢复供电，此种结构满足第三级供电安全水平；② 当 110kV 变电站的 2 回高压进线发生故障时，该 2 回线路所带的变压器可由对侧另外 2 回线路提供备用；③ 当 110kV 变电站的上级电源发生故障时，110kV 变电站所带负荷可通过 110kV 线路由对侧电源转带；④ 当 110kV 变电站发生故障时，110kV 变电站所带负荷全部失电。

经济性：① 1 回高压进线故障情况下，110kV 线路负载率为 75%；② 2 回高压进线故障情况下，110kV 线路负载率为 50%；③ 3 回高压进线故障情况下，110kV 线路负载率为 25%；④ 上级电源故障情况下，110kV 线路负载率为 50%。

2）高压双链—中压站间联络（不同电源点）。网架结构示意如图 5-15 所示，该结构中 110kV 变电站由不同电源送出的 4 回线路供电，10kV 线路与另一座 110kV 变电站的 10kV 出线形成站间联络，且中压互联的 2 个变电站由不同的电源点供电。

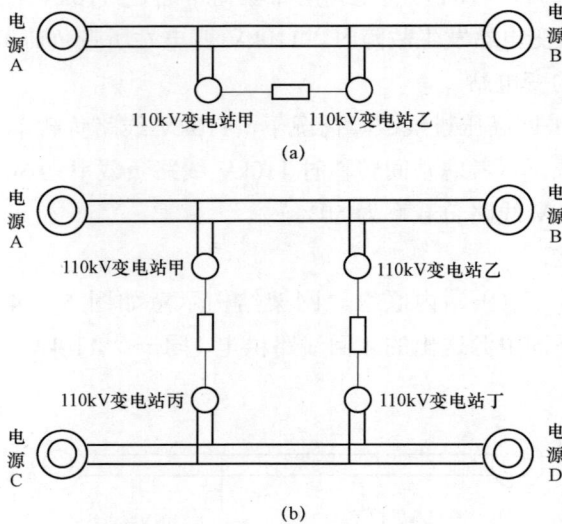

图 5-15 高压双链—中压站间联络（不同电源点）网架结构示意图
(a) 同一链；(b) 不同链

供电安全分析：① 当 110kV 变电站的 1 回高压进线发生故障时，该条线路所带的变压器可由对侧电源所出线路提供备用，110kV 变电站所带负荷可在 15min 内恢复供电，此种结构满足第三级供电安全水平；② 当 110kV 变电站的 2 回高压进线发生故障时，该 2 回线路所带的变压器可由对侧另外 2 回线路提供备用；③ 当 110kV 变电站的上级电源发生故障时，110kV 变电站所带负荷可通过 110kV 线路由对侧电源转带；④ 当 110kV 变电站发生故障时，110kV 变电站所带负荷可通过 10kV 线路转移至与之相联的变电站。

经济性：① 对于图 5-15（a）所示的同一链相联络时：1 回高压进线故障情况下，110kV 线路负载率为 75%；2 回高压进线故障情况下，110kV 线路负载率为 50%；3 回高压进线故障情况下，110kV 线路负载率为 25%；上级电源故障情况下，110kV 线路负载率为 50%。② 对于图 5-15（b）所示的不同链相联络时：1 回高压进线故障情况下，不考虑站间联络时 110kV 线路负载率为 75%，考虑站间联络时 110kV 线路负载率为 87.5%；2 回高压进线故障情况下，不考虑站间联络时 110kV 线路负载率为 50%，考虑站间联络时 110kV 线路负载率为 75%；3 回高压进线故障情况下，不考虑站间联络时 110kV 线路负载率为 25%，考虑站间联络时 110kV 线路负载率为 63%；上级电源故障情况下，不考虑站间联络时 110kV 线路负载率为 50%，考虑站间联络时 110kV 线路负载率为 75%。

（3）三链结构。

1）高压三链—中压站内联络。网架结构示意如图 5-16 所示，该结构中 110kV 变电站由不同电源送出的 6 回线路供电，同一个 110kV 变电站的 10kV 出线形成站内联络。

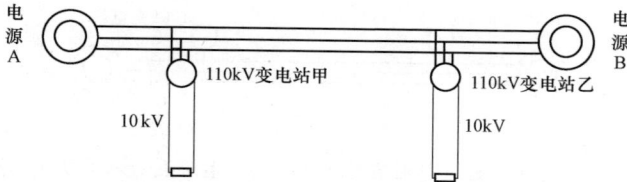

图 5-16　高压三链—中压站内联络网架结构示意图

供电安全水平：① 当 110kV 变电站的 1 回高压进线发生故障时，该条线路所带的变压器可由对侧电源所出线路提供备用，110kV 变电站所带负荷可在 15min 内恢复供电，此种结构满足第三级供电安全水平；② 当 110kV 变电站的 2 回高压进线发生故障时，该 2 回线路所带的变压器可由另外 4 回线路提供备用；③ 当 110kV 变电站的 3 回高压进线发生故障时，该 3 回线路所带的变压器可由对侧另外 3 回线路提供备用；④ 当 110kV 变电站的上级电源发生故障时，110kV 变电站所带负荷可通过 110kV 线路由对侧电源转带；⑤ 当 110kV 变电站发生故障时，110kV 变电站所带负荷全部失电。

经济性：① 1 回高压进线故障情况下，110kV 线路负载率为 83.3%；② 2 回高压进线故障情况下，110kV 线路负载率为 75%；③ 3 回高压进线故障情况下，110kV 线路负载率为 50%；④ 上级电源故障情况下，110kV 线路负载率为 50%。

2）高压三链—中压站间联络（不同电源点）。网架结构示意如图 5-17 所示，该结构中 110kV 变电站由不同电源送出的 6 回线路供电，10kV 线路与另一座 110kV 变电站的 10kV 出线形成站间联络，且中压互联的 2 个变电站由不同的电源点供电。

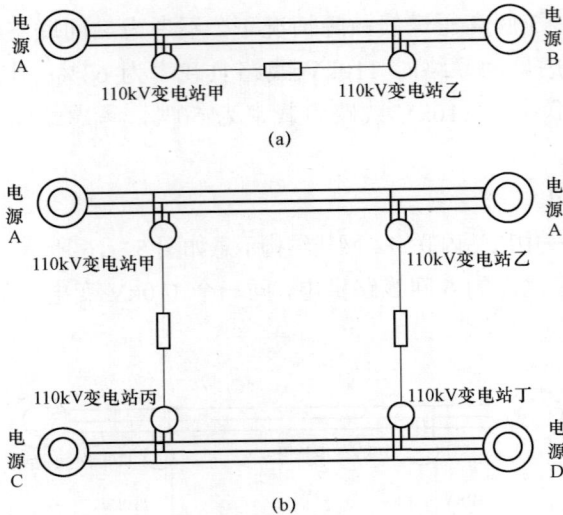

图 5−17　高压三链—中压站间联络（不同电源点）网架结构示意图
（a）同一链；（b）不同链

供电安全分析：① 当 110kV 变电站的 1 回高压进线发生故障时，该条线路所带的变压器可由对侧电源所出线路提供备用，110kV 变电站所带负荷可在 15min 内恢复供电，此种结构满足第三级供电安全水平；② 当 110kV 变电站的 2 回高压进线发生故障时，该 2 回线路所带的变压器可由另外 4 回线路提供备用；③ 当 110kV 变电站的 3 回高压进线发生故障时，该 3 回线路所带的变压器可由对侧另外 3 回线路提供备用；④ 当 110kV 变电站的上级电源发生故障时，110kV 变电站所带负荷可通过 110kV 线路由对侧电源转带；⑤ 当 110kV 变电站发生故障时，110kV 变电站所带负荷可通过 10kV 线路转移至与之相联的变电站。

经济性：① 对于图 5−17（a）所示的同一链相联络时：1 回高压进线故障情况下，110kV 线路负载率为 83.3%；2 回高压进线故障情况下，110kV 线路负载率为 75%；3 回高压进线故障情况下，110kV 线路负载率为 50%；上级电源故障情况下，110kV 线路负载率为 50%。② 对于图 5−17（b）所示的同一链相联络时：1 回高压进线故障情况下，不考虑站间联络时 110kV 线路负载率为 83.3%，考虑站间联络时 110kV 线路负载率为 91.7%；2 回高压进线故障情况下，不考虑站间联络时 110kV 线路负载率为 75%，考虑站间联络时 110kV 线路负载率为 83%；3 回高压进线故障情况下，不考虑站间联络时 110kV 线路负载率为 50%，考虑站间联络时 110kV 线路负载率为 75%；上级电源故障情况下，不考虑站间联络时 110kV 线路负载率为 50%，考虑站间联络时 110kV 线路负载率为 75%。

5.2.4　混合

　　除上述 17 种网架结构外，电网在大部分情况下辐射、环网、链式结构并存，中压线路相联络的变电站可能隶属于不同的高压配电网结构。因此，混合型的输配协调的配电网网架结构也是常见的类型。按照中压线路相联络的变电站所属的高压配电网的不同结构，混合型的网架结构类型共有 21 种，见表 5-3。

表 5-3　　　　　　　　　　　混 合 型 网 架 结 构

高压配电网结构		辐射		环网		链式		
		单辐射	双辐射	单环网	双环网	单链	双链	三链
辐射	单辐射	—	高压单辐射—中压站间联络—高压双辐射	高压单辐射—中压站间联络—高压单环网	高压单辐射—中压站间联络—高压双环网	高压单辐射—中压站间联络—高压单链	高压单辐射—中压站间联络—高压双链	高压单辐射—中压站间联络—高压三链
	双辐射	高压双辐射—中压站间联络—高压单辐射	—	高压双辐射—中压站间联络—高压单环网	高压双辐射—中压站间联络—高压双环网	高压双辐射—中压站间联络—高压单链	高压双辐射—中压站间联络—高压双链	高压双辐射—中压站间联络—高压三链
环网	单环网	高压单环网—中压站间联络—高压单辐射	高压单环网—中压站间联络—高压双辐射	—	高压单环网—中压站间联络—高压双环网	高压单环网—中压站间联络—高压单链	高压单环网—中压站间联络—高压单链	高压单环网—中压站间联络—高压三链
	双环网	高压双环网—中压站间联络—高压单辐射	高压双环网—中压站间联络—高压双辐射	高压双环网—中压站间联络—高压单环网	—	高压双环网—中压站间联络—高压单链	高压双环网—中压站间联络—高压双链	高压双环网—中压站间联络—高压三链
链式	单链	高压单链—中压站间联络—高压单辐射	高压单链—中压站间联络—高压双辐射	高压单链—中压站间联络—高压单环网	高压单链—中压站间联络—高压双环网	—	高压单链—中压站间联络—高压双链	高压单链—中压站间联络—高压三链
	双链	高压双链—中压站间联络—高压单辐射	高压双链—中压站间联络—高压双辐射	高压双链—中压站间联络—高压单环网	高压双链—中压站间联络—高压双环网	高压双链—中压站间联络—高压单链	—	高压双链—中压站间联络—高压三链
	三链	高压三链—中压站间联络—高压单辐射	高压三链—中压站间联络—高压双辐射	高压三链—中压站间联络—高压单环网	高压三链—中压站间联络—高压双环网	高压三链—中压站间联络—高压单链	高压三链—中压站间联络—高压双链	—

　　注　对角线对应的网架结构为同种类型。

5.3　输配协调的配电网目标网架结构分析

　　针对以上构建的配电网目标网架结构，分析每种网架结构所能满足的供电安全水平以及满足各级供电安全水平情况下的经济性（110kV 线路负载率）。由于混合型网架结构是由前述三大类网架结构混合而成的，故本节将对该三大类目标网架结构进行重点分析，见表 5-4、表 5-5。可以看出，在所设定的假设条件下，除了高压配电网的单辐射结构，其他目标网架结构均能满足三级供电安全水平要求，对于更高级别的故障，不同目标网架结构表现出不同的供电安全水平，其主要有以下两点需要注意：

表 5-4　　　　　　　　　　配电网目标网架结构供电安全水平分析

网架结构类型		是否满足第一级供电安全水平要求	是否满足第二级供电安全水平要求	是否满足第三级供电安全水平要求	2回高压进线故障时负荷能否转移	3回高压进线故障时负荷能否转移	上级电源故障时负荷能否转移	110kV变电站故障时负荷能否转移
对应的高压配电结构	组合方式							
单辐射	高压单辐射—中压站内联络	是	是	否	—	—	否	否
	高压单辐射—中压站间联络	是	是	否	—	—	是（站间转移）	是（站间转移）
双辐射	高压双辐射—中压站内联络	是	是	是	否	—	否	否
	高压双辐射—中压站间联络（同一电源点）	是	是	是	是（站间转移）	—	否	是（站间转移）
	高压双辐射—中压站间联络（不同电源点）	是	是	是	是（站间转移）	—	是（站间转移）	是（站间转移）
单环网	高压单环网—中压站内联络	是	是	是	否	—	否	否
	高压单环网—中压站间联络（同一电源点）	是	是	是	是（站间转移）	—	否	是（站间转移）
	高压单环网—中压站间联络（不同电源点）	是	是	是	是（站间转移）	—	是（站间转移）	是（站间转移）
双环网	高压双环网—中压站内联络	是	是	是	是	—	否	否
	高压双环网—中压站间联络（同一电源点）	是	是	是	是	—	否	是（站间转移）
	高压双环网—中压站间联络（不同电源点）	是	是	是	是	—	是（站间转移）	是（站间转移）

续表

对应的高压配电网结构	组合方式	是否满足第一级供电安全水平要求	是否满足第二级供电安全水平要求	是否满足第三级供电安全水平要求	2回高压进线故障时负荷能否转移	3回高压进线故障时负荷能否转移	上级电源故障时负荷能否转移	110kV变电站故障时负荷能否转移
单链	高压单链—中压站内联络	是	是	是	—	—	是	否
	高压单链—中压站间联络（不同电源点）	是	是	是	—	—	是	是（站间转移）
双链	高压双链—中压站内联络	是	是	是	是	—	是	否
	高压双链—中压站间联络（不同电源点）	是	是	是	是	—	是	是（站间转移）
三链	高压三链—中压站内联络	是	是	是	是	是	是	否
	高压三链—中压站间联络（不同电源点）	是	是	是	是	是	是	是（站间转移）

表 5-5　　　　配电网目标网架结构经济性分析

对应的高压配电网结构	组合方式	经济性（110kV 线路负载率）							
		第三级供电安全情况下		2 回高压进线故障情况下		3 回高压进线故障情况下		上级电源故障情况下	
		不考虑站间转移	考虑站间转移	不考虑站间转移	考虑站间转移	不考虑站间转移	考虑站间转移	不考虑站间转移	考虑站间转移
单辐射	高压单辐射—中压站内联络	—	—	—	—	—	—	—	—
	高压单辐射—中压站间联络	—	50%	—	—	—	—	—	50%
双辐射	高压双辐射—中压站内联络	50%	50%	—	—	—	—	—	—
	高压双辐射—中压站间联络（同一电源点）	50%	50%	—	—	—	—	—	—
	高压双辐射—中压站间联络（不同电源点）	50%	75%	—	50%	—	—	—	50%
单环网	高压单环网—中压站内联络	50%	50%	—	—	—	—	—	—
	高压单环网—中压站间联络（同一电源点）	50%	50%	—	50%	—	—	—	—
	高压单环网—中压站间联络（不同电源点）	50%	75%	—	75%	—	—	—	50%
双环网	高压双环网—中压站内联络	75%	75%	50%	50%	50%	50%	—	—
	高压双环网—中压站间联络（同一电源点）	75%	75%	50%	50%	50%	50%	—	—
	高压双环网—中压站间联络（不同电源点）	75%	87.5%	50%	75%	50%	75%	—	50%

网架结构类型			经济性（110kV 线路负载率）							
对应的高压配电网结构	组合方式		第三级供电安全情况下		2 回高压进线故障情况下		3 回高压进线故障情况下		上级电源故障情况下	
			不考虑站间转移	考虑站间转移	不考虑站间转移	考虑站间转移	不考虑站间转移	考虑站间转移	不考虑站间转移	考虑站间转移
单链	单链—站内联络		50%	50%	—	—	—	—	50%	50%
	单链—中压站间联络（不同电源点）	同一链	50%	50%	—	50%	—	—	50%	50%
		不同链	50%	75%	—	75%	—	—	50%	75%
双链	双链—站内联络		75%	75%	50%	50%	25%	25%	50%	50%
	双链—中压站间联络（不同电源点）	同一链	75%	75%	50%	50%	25%	25%	50%	50%
		不同链	75%	87.5%	50%	75%	25%	63%	50%	75%
三链	三链—站内联络		83.3%	83.3%	75%	75%	50%	50%	50%	50%
	三链—中压站间联络（不同电源点）	同一链	83.3%	83.3%	75%	75%	50%	50%	50%	50%
		不同链	83.3%	91.7%	75%	83%	50%	75%	50%	75%

（1）在某一类型的故障下，负荷能够转移的方式包括通过高压层级（110kV线路）转移和通过中压层级（10kV 线路）转移两种。第一种方式下，负荷转移可在 15min 内完成；第二种方式下，负荷转移与所在区域的馈线自动化的实施程度有关，实现"三遥"的区域负荷转移可在 15min 内完成，没有实现馈线自动化的区域，负荷转移的时间需要几十分钟甚至几小时。

（2）对于要求站间联络的网架结构，在实际的配电网建设中，可根据变电站所带负荷的重要程度，选择挂接重要负荷多、供电可靠性要求高的部分中压线路实现站间联络，以保证故障时重要负荷能够转移。

通过对各种配电网目标网架结构的分析，结合各类供电区域的特点及要求，推荐各类供电区域的配电网目标网架，见表 5-6。

表 5-6   **配电网目标网架结构推荐表**

网架结构类型		供电区域类型					
对应的各层级配电网结构	组合方式	A+	A	B	C	D	E
单辐射	高压单辐射—中压站内联络					√	√
	高压单辐射—中压站间联络					√	√

续表

对应的各层级配电网结构	组合方式	A+	A	B	C	D	E
双辐射	高压双辐射—中压站内联络				✓	✓	
	高压双辐射—中压站间联络（同一电源点）			✓	✓	✓	
	高压双辐射—中压站间联络（不同电源点）	✓	✓	✓	✓	✓	
单环网	高压单环网—中压站内联络				✓	✓	
	高压单环网—中压站间联络（同一电源点）				✓	✓	
	高压单环网—中压站间联络（不同电源点）	✓	✓	✓	✓	✓	
双环网	高压双环网—中压站内联络				✓		
	高压双环网—中压站间联络（同一电源点）				✓		
	高压双环网—中压站间联络（不同电源点）	✓	✓	✓	✓		
单链	高压单链—中压站内联络		✓	✓	✓		
	高压单链—中压站间联络（不同电源点）	✓	✓	✓	✓		
双链	高压双链—中压站内联络		✓	✓	✓		
	高压双链—中压站间联络（不同电源点）	✓	✓	✓	✓		
三链	高压三链—中压站内联络		✓	✓	✓		
	高压三链—中压站间联络（不同电源点）	✓	✓	✓	✓		
中压架空网	辐射状					✓	✓
	多分段适度联络	✓	✓	✓	✓	✓	
中压电缆网	单环式	✓	✓	✓	✓		
	双环式	✓	✓				

注：网架结构类型包含"网架结构类型（组合方式）"；供电区域类型包含"A+、A、B、C、D、E"。

对于 A+、A 类供电区域，推荐采用单链、双链、三链结构。对应此种结构，中压配电网应根据变电站布点情况，有条件的地区采用站间联络，没条件的地区可采用站内联络，但相联络的线路宜来自不同的母线。也可采用高压双环网—中压站间联络（不同电源点）、高压单环网—中压站间联络（不同电源点）、高压双辐射—中压站间联络（不同电源点）结构，对应此种结构，中压配电网应采用站间联络，且中压互联的两个变电站应由不同的电源点供电。此外，中压馈线全部实现配电自动化。中压线路推荐以双环式、单环式电缆网接线为主，多分段适度联络架空网接线为辅。

对于 B 类供电区域，推荐采用双环网、单链、双链、三链结构。对应此种结构，中压配电网应根据变电站布点情况，有条件的地区采用站间联络，没条件的地区可采用站内联络，但相联络的线路宜来自不同的母线。也可采用高压单环网—中压站间联络（同一电源点或不同电源点）、高压双辐射—中压站间联络（同一电源点或不同电源点）结构，对应此种结构中压配电网应采用站间联络，中压互联的两个变电站可以由不同的电源点供电也可以由相同的电源点供电。此外，重要用户多、供电可靠性要求高的中压馈线应实现配电自动化。中压线路推荐以多分段适度联络架空网接线为主，单环式电缆网接线为辅。

对于 C 类供电区域，推荐采用双辐射、单环网结构。对应此种结构中压配电网应根据变电站布点情况，有条件的地区采用站间联络，没条件的地区可采用站内联络，但相联络的线路宜来自不同的母线。也可采用高压双环网—中压站内联络、高压双环网—中压站间联络（同一电源点）、高压单链—中压站内联络、高压双链—中压站内联络、高压三链—中压站内联络，中压配电网采用站内联络（高压双环网—中压站间联络结构除外）时，相联络的线路宜来自不同的母线。中压线路推荐以多分段适度联络架空网接线为主，单环式电缆网接线为辅。此外，重要用户多、供电可靠性要求高的中压馈线应实现配电自动化。

对于 D 类供电区域，推荐采用单辐射、双辐射、单环网结构。对应此种结构，中压配电网应根据变电站布点情况，有条件的地区采用站间联络，没条件的地区可采用站内联络或不联络。中压线路推荐以多分段适度联络、辐射状架空网接线为主。此外，供电距离长，供电可靠性低的中压馈线可采用简易的配电自动化以缩短故障定位时间。

对于 E 类供电区域，推荐采用单辐射结构。对应此种结构，中压配电网可根据变电站布点情况，可采用站内联络或不联络。中压线路推荐以辐射状架空网接线为主。

5.4　高压配电网不同发展建设阶段网架结构的过渡方式

表 5-6 中推荐的网架结构为目标网架结构，主要针对发展到完善期或成熟期的电网，这一阶段的电网负荷已经基本饱和，负荷增速很小。当前配电网建设处于快速发展时期，很多情况下配电网处于发展初期和过渡期。在配电网的发展建设中，受技术经济、环境和地方政策的影响，相当一部分地方供电企业在电网的发展建设中不能完全按照导则的要求来实施，使得当前的配电网建设不可能完全满足目标网架结构要求。

因此，针对配电网的发展建设阶段，配电网结构发展到目标网架结构也会经过一定的过渡期和过渡方式。在电网规划建设的过程中，可根据电网发展建设的不同阶段，选择与之匹配的网架结构，使网架结构逐步过渡到最终的目标网架结构。

5.4.1   电网发展建设不同阶段的界定

电网发展建设的不同阶段，主要由电网的负荷水平和可靠性需求水平加以综合界定，可分为初期、过渡期和完善期三个阶段。

（1）根据负荷增长率的边界条件确定电网发展建设阶段。依据区域负荷历史数据和预测结果，可分析出负荷变化趋势近似 S 型曲线。区域的负荷增长特性与其发展阶段密切相关，一般可分为慢速增长期、快速增长期和缓慢增长饱和期三个阶段。这三个阶段的长短与区域大小和建设进度有关，区域越大，每阶段持续的时间越长，S 型曲线越平滑；区域越小，每阶段持续的时间越短，S 型曲线饱和得越快。S 型曲线及负荷年增长率曲线如图 5-18 所示。

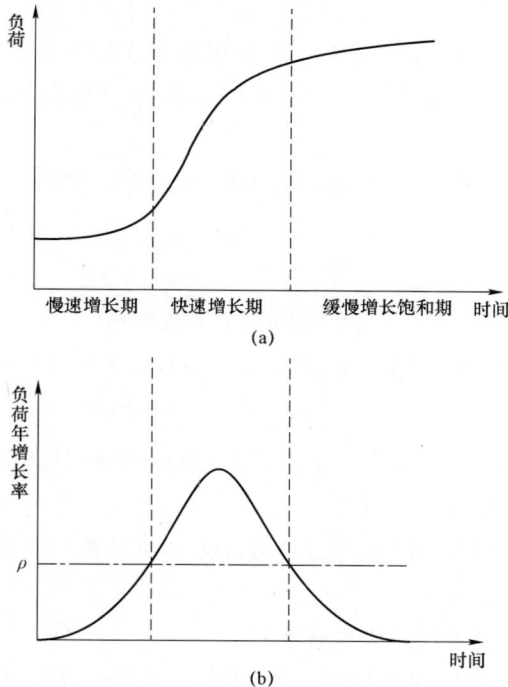

图 5-18   S 型曲线及负荷年增长率曲线图

（a）S 型曲线；（b）负荷年增长率曲线

根据 S 型曲线可以确定电网发展建设阶段,并以此作为变电站建设时序等的规划依据。

(2)根据设备负荷情况及可靠性需求水平确定电网发展建设阶段。一般情况下,变压器或线路的负载率(指最大负载率,以下同)在 25%以下时,可认为电网建设处于初期;变压器或线路的负载率为 25%～50%时,可认为电网建设处于过渡期;变压器或线路的负载率在 50%以上时,可认为电网建设处于完善期。

此外,由于重要用户对电网供电可靠性有特殊的要求,重要用户的级别越高,其对供电电源配置的要求越高,因此,相比于一般用户,其相应的电网建设也应有所超前。在划分为重要用户供电电网的建设阶段时,需同时考虑重要用户的影响,该影响可以用调整系数 k_1 来表示。

另外,电气设备的可靠性对整个电网的可靠性影响很大,通常情况下,为了满足 $N-1$ 安全准则要求,变压器应具有短时允许过负荷能力,短时允许的过负载率不应超过 1.3,过负载时间不超过 2h,并应在规定时间内恢复停运变压器的正常运行考虑。该过负载能力可将相应变压器负载率下的电网建设阶段适当延后。变压器允许过负载能力对电网建设阶段划分的影响可用调整系数 k_2 来表示。

综上所述,电网建设阶段的划分可用如下公式来判定:

$$f = k_1 k_2 T \tag{5-1}$$

定义函数

$$电网建设阶段 = \begin{cases} 初期,f < 25\%时 \\ 过渡期,25\% < f < 50\%时 \\ 完善期,f > 50\%时 \end{cases} \tag{5-2}$$

式中　k_1——重要用户调整系数,取值范围可根据电网所供重要用户的级别来选定,一般为 1.1～1.3;

　　　k_2——变压器设备短时允许过负载能力调整系数,取值范围可根据变压器的过载率来选定,一般为 0.77～1.0;

　　　T——电网中设备的最大负载率。

电网结构应随着电网建设初期、过渡期、完善期三个阶段的逐步过渡不断加强和完善。电网建设初期,负荷水平较低,为了保证一定的经济性,网架结构相对简单,电网在结构上可能不满足 $N-1$ 安全准则要求,一般为单电源供电,局部可靠性相对较低；在电网建设过渡期，随着负荷增长需求的增加，电网在结构上将基本满足 $N-1$ 安全准则要求，网架结构逐步向双侧电源过渡，在增加一部分投资的基础之上，局部可靠性相对于电网建设初期有较大提升；在电网建设完善期，电网在结构上将满足 $N-1$ 安全准则要求，且在部分高可靠性供电区域，电网在结构上满足 $N-1-1$ 安全准则要求，网架结构的可靠性最高，相应的投资也有所增加。

5.4.2　220kV 电网网架结构过渡方式

220kV 网架结构可根据负荷预测、可靠性等条件选择单电源结构或者哑铃、网格等较复杂的电网结构，在实际应用中，220kV 网架结构的演变过程如图 5-19 所示。由 220kV 网架结构过渡过程也可以看出，该演变过程是一个网架结构逐渐增强、可靠性逐渐升高的过程。

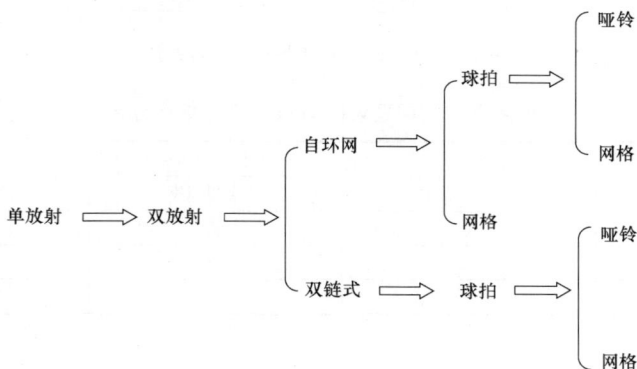

图 5-19　220kV 网架结构过渡方式

5.4.3　35~110kV 电网网架结构过渡方式

35~110kV 网架结构过渡示意如图 5-20 所示。在电网规划建设的过程中，可根据电网建设的不同阶段，选择与之匹配的电网结构，使网架结构逐步过渡到最终的目标网架结构。

在电网发展建设的不同阶段，可靠性、设备利用率、负荷发展的需求等技术经济指标的分析情况见表 5-7。

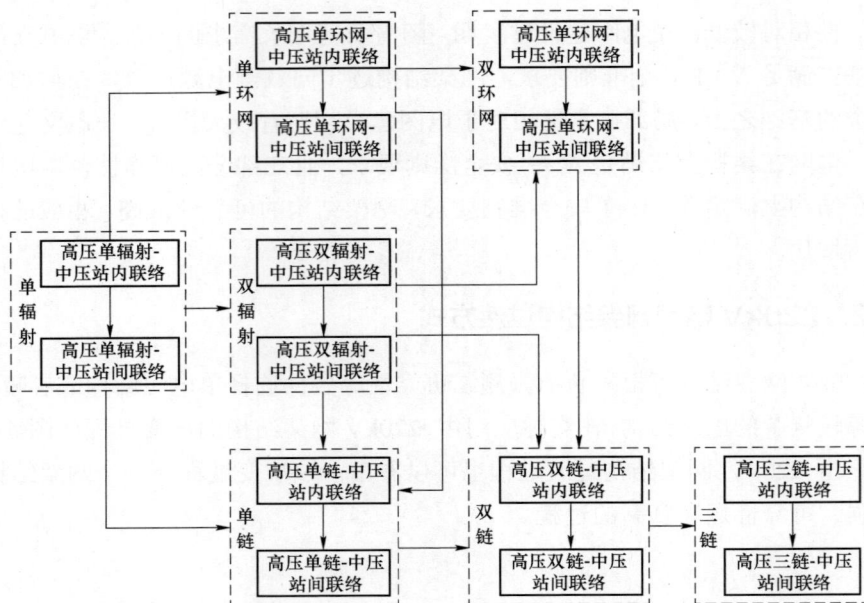

图 5-20 35～110kV 电网结构过渡示意图

表 5-7 电网不同发展建设阶段技术经济指标分析

建设阶段	技术经济指标		
	可靠性需求	设备利用率	新增负荷需求
初期	低	低	高
过渡期	高	中	高
完善期	高	高	低

由表 5-7 可知：

（1）电网建设初期：主要是为满足新增负荷的发展需求，对可靠性需求较低，由于负荷还处于逐步发展阶段，造成设备利用率不高。

（2）过渡期：随着负荷的发展，电网建设仍需满足其需求，且随着用户需求的提高，对可靠性的要求逐步提高，同时设备利用率也逐步提高。

（3）完善期：负荷的发展正逐步趋于饱和，电网的建设转变为对经济效益和社会效益的追求，对电网可靠性和设备利用率有更高要求。

5.5 小结

在推荐的各层级配电网典型电网结构的基础上，以不同供电区域需满足的供电安全水平为标准和目标，遵循"高中压相互支援"的原则，构建了输配协调的配电网目标网架结构，共包括 17 大类（除此以外，还包括 21 种混合型网架结构），分别为：

（1）高压辐射（5 类）：高压单辐射—中压站内联络、高压单辐射—中压站间联络（不同电源点）、高压双辐射—中压站内联络、高压双辐射—中压站间联络（同一电源点）、高压双辐射—中压站间联络（不同电源点）。

（2）高压环网（6 类）：高压单环网—中压站内联络、高压单环网—中压站间联络（同一电源点）、高压单环网—中压站间联络（不同电源点）、高压双环网—中压站内联络、高压双环网—中压站间联络（同一电源点）、高压双环网—中压站间联络（不同电源点）。

（3）高压链式（6 类）：高压单链—中压站内联络、高压单链—中压站间联络（不同电源点）、高压双链—中压站内联络、高压双链—中压站间联络（不同电源点）、高压三链—中压站内联络、高压三链—中压站间联络（不同电源点）。

针对每种网架结构，重点分析了其能满足的供电安全水平及各级供电安全水平情况下的经济性：

（1）除了高压配电网的单辐射结构以外，其他目标网架结构均能满足三级供电安全水平要求。对于更高级别的故障，不同目标网架结构表现出不同的供电安全水平。在某一类型的故障下，负荷能够转移的方式包括两种：一种是通过高压层级（110kV 线路）转移；另一种是通过中压层级（10kV 线路）转移。

（2）满足各级供电安全水平情况下的 110kV 线路负载率大多在 50%以上；考虑不同电源点站间转移时，满足同一级供电安全水平情况下的 110kV 线路负载率有所提高；供电安全性越高的网架结构，满足同一级供电安全水平情况下的 110kV 线路负载率越高。

针对 6 类供电区域给出了推荐的配电网目标网架结构：

（1）对于 A＋、A 类供电区域，推荐采用单链、双链、三链结构，对应此种结构中压配电网应根据变电站布点情况，有条件的地区采用站间联络，没条件的地区可采用站内联络，但相联络的线路宜来自不同的母线。也可采用高压双环网—中压站间联络（不同电源点）、高压单环网—中压站间联络（不同电源点）、高压双辐射—中压站间联络（不同电源点）结构，对应此种结构中压配电网应采用站间联络，且中压互联的两个变电站应由不同的电源点供电。此外，中压馈线全部实现配电自动化。中压线路推荐以双环式、单环式电缆网接线为主，多分段适度联络架空网接线为辅。

（2）对于 B 类供电区域，推荐采用双环网、单链、双链、三链结构，对应此种结构中压配电网应根据变电站布点情况，有条件的地区采用站间联络，没条件的地区可采用站内联络，但相联络的线路宜来自不同的母线。也可采用高压单环网—中压站间联络（同一电源点或不同电源点）、高压双辐射—中压站间联络（同一电源点或不同电源点）结构，对应此种结构中压配电网应采用站间联络，中压互联的两个变电站可以由不同的电源点供电，也可以由相同的电源点供电。此外，重要用户多、供电可靠性要求高的中压馈线实现配电自动化。中压线路推荐以多分段适度联络架空网接线为主，单环式电缆网接线为辅。

（3）对于 C 类供电区域，推荐采用双辐射、单环网结构，对应此种结构中压配电网应根据变电站布点情况，有条件的地区采用站间联络，没条件的地区可采用站内联络，但相联络的线路宜来自不同的母线。也可采用高压双环网—中压站内联络、高压双环网—中压站间联络（同一电源点）、高压单链—中压站内联络、高压双链—中压站内联络、高压三链—中压站内联络，中压配电网采用站内联络（高压双环网—中压站间联络结构除外）时，相联络的线路宜来自不同的母线。中压线路推荐以多分段适度联络架空网接线为主，单环式电缆网接线为辅。此外，重要用户多、供电可靠性要求高的中压馈线实现配电自动化。

（4）对于 D 类供电区域，推荐采用单辐射、双辐射、单环网结构，对应此种结构中压配电网应根据变电站布点情况，有条件的地区采用站间联络，没条件的地区可采用站内联络或不联络。中压线路推荐以多分段适度联络、辐射状架空网接线为主。此外，供电距离长、供电可靠性低的中压馈线可采用简易的配电自动化以缩短故障查找时间。

（5）对于 E 类供电区域，推荐采用单辐射结构，对应此种结构中压配电网可根据变电站布点情况，可采用站内联络或不联络。中压线路推荐以辐射状架空网接线为主。

第6章

高压配电网变电站电气主接线

6.1 概述

变电站是电力系统的重要环节，其电气主接线根据电能输送和分配的要求，表示主要电气设备相互之间以及该变电站与电力系统的电气连接关系。变电站主接线的功能就是将电能在 1 个或多个电压等级的连接回路之间进行分配。

变电站主接线可靠性可用来衡量变电站各电气回路连续性能力的高低。研究主接线可靠性是根据已知元件的可靠性指标和可靠性准则，评估整个主接线系统满足供电点电力及电能需求的能力。

电气主接线是变电站电气部分的主体，是电力系统中电能传递通道的重要组成部分之一；其连接方式对电力系统整体以及变电站本身的供电可靠性、运行灵活性、检修便捷性和经济合理性起着决定性的作用，同时也对变电站电气设备的选择、配电装置的布置、继电保护和控制方式的设定有着很大的影响。另外，从电网基建的角度来看，电气主接线的合理选择能使工程费用得到优化。

变电站的电气主接线应该根据变电站在电力系统中的地位、变电站的规划容量、负荷性质、线路、变压器连接元件总数、设备特点等条件确定，并应综合考虑供电可靠性、运行灵活性、检修操作方便、节约投资、便于过渡和扩展等多方面的基本要求。

（1）供电可靠性。供电可靠性是电力生产和分配的首要要求，评价电气主接线可靠性的标准是：

1）断路器检修时，不宜影响对系统的供电。

2）线路或母线发生故障时应尽量减少线路的停运回路数和主变压器的停运台数，尽量保证对重要用户的供电。

3）尽量避免变电站全部停运的可能性。

（2）运行检修的灵活性。主接线应满足调度、检修的灵活性：

1）调度运行中应可以灵活地投入和切除变压器和线路，满足系统在事故、检修以及特殊运行方式下的系统调度运行要求，实现变电站的无人值班。

2）检修时，可以方便地停运断路器、母线和继电保护设备，进行安全检修，而不致影响电力网的运行和对用户的供电。

（3）适应性和可扩展性。能适应一定时期内没有预计到的负荷水平变化，满足供电需求。扩建时，可以适应从初期接线过渡到最终接线。在影响连续供电或停电时间最短的情况下，投入变压器或线路而不互相干扰，并且使一次、二次部分的改建工作量最少。

（4）经济性。主接线在满足可靠性、灵活性要求的前提下，要求做到经济合理：

1）投资省。即变电站的建筑工程费、设备购置费、安装工程费和其他费用应节省，采用不同的接线方式，其投资具有明显的不同。

2）占地小。主接线设计要为配电装置创造条件，采用不同的接线方式，配电装置占地面积有很大的区别。

3）损耗小。主接线设计要保证能量损耗尽可能小。

（5）简化主接线。配网自动化、变电站无人化是现代电网发展的必然趋势，简化电气主接线将为这一技术的全面实施创造更为有利的条件。

（6）设计标准化。同类型变电站采用相同类型的电气主接线，实现电气主接线的规范化、标准化，将有利于系统运行管理和设备检修。

应该注意的是不能脱离电网运行灵活性的要求而片面追求主接线的高可靠性，也不应对主接线运行的灵活性有过高的要求而忽视了可靠性。电网运行方式的改变，往往是通过变电站主接线的适当操作与切换来实现的。因此，主接线的可靠性与调度灵活性必须两者兼顾。需研究不同变电站电气主接线对电网不同发展阶段电网建设的可靠性与经济性的影响。

6.2 主接线及其特点

220kV 变电站高压侧电气主接线通常采用内桥、线路—变压器组、单母线三分段接线、双母线单分段接线；中压侧通常采用单母线四分段或双母线单分段接线。根据 GB 50059—2011《35kV～110kV 变电站设计规范》，110kV 终端变电站的高压电气主接线宜采用线路—变压器组接线和桥型接线；110kV 中间变电站宜采用单母线接线、单母线分段接线及扩大的桥型接线；采用 SF₆ 断路器的主接线不宜设置旁路母线。

6.2.1 220kV 变电站主接线及其特点

6.2.1.1 220kV 高压侧主接线

（1）中心（或枢纽）变电站。中心（或枢纽）变电站在电网中居重要地位，进出线回路较多，最终规模具有 10～16 回进出线，有较大功率交换，高压侧主接线宜选择双母线单分段、双母线双分段和 3/2 接线三种主接线形式。

1）220kV 高压侧双母线单分段、双母线双分段接线。220kV 高压侧双母线单分段、双母线双分段接线分别如图 6-1、图 6-2 所示。

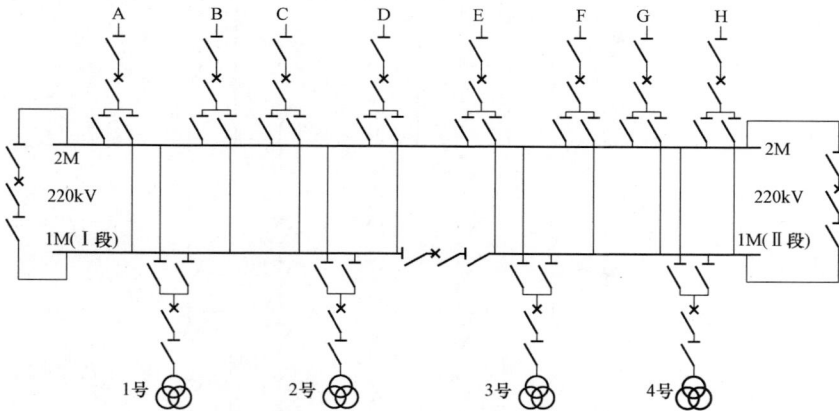

图 6-1 220kV 高压侧双母线单分段接线

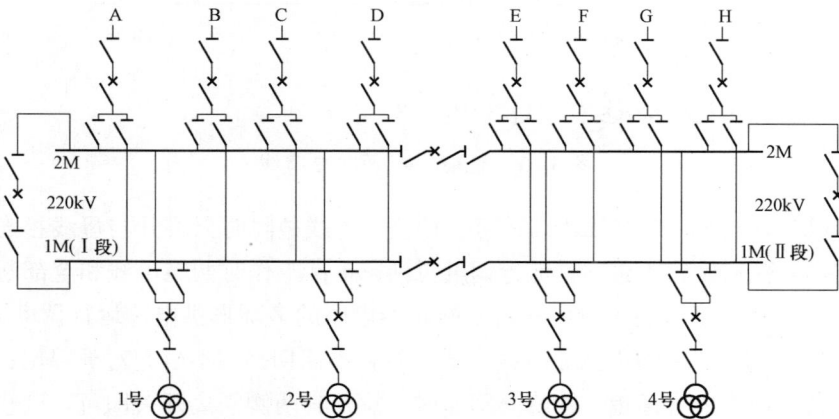

图 6-2 220kV 高压侧双母线双分段接线

双母线分段接线优点：方便灵活，元件可有选择地接到不同的母线上，有利于连接大容量变压器和系统；便于分阶段扩建；母线故障时，能较快地恢复供电。

双母线分段接线缺点：断路器检修时，部分负荷停电时间较长；改变运行方式时，需操作隔离开关，易引起事故；占地面积比较大。

2）220kV 高压侧 3/2 接线。220kV 高压侧 3/2 接线如图 6-3 所示。每 1 回路经 1 台断路器接至母线，2 回路间设 1 个联络断路器。运行时，两组母线和全部断路器都投入，形成多环状供电。

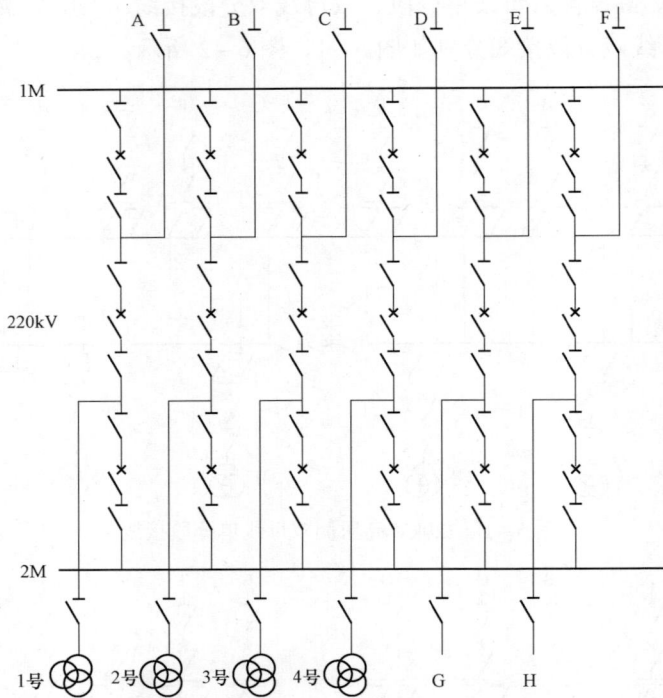

图 6-3　220kV 高压侧 3/2 接线

220kV 高压侧 3/2 接线优点：可靠性高，母线故障时只跳开与母线相连的所有断路器，任何回路不停电；运行调度灵活，正常工作时两组母线和全部断路器投入运行，从而形成两条母线和若干断路器串联的多环形供电，运行调度灵活，任何元件检修，各回路仍按原接线方式运行，不需切换，不引起对外停电；操作检修方便，操作内容简单，检修断路器时，拉开其两侧隔离开关即可，检修母线时，拉开与母线相连的断路器、隔离开关即可。

72

220kV 高压侧 3/2 接线缺点：继电保护较复杂；运行方式变化较少；扩展不便；投资较高。

3/2 接线方式可分阶段逐步形成，初期先采用 2 进线 2 出线 2 变压器配置的六角形接线；然后采用母线—变压器组方式发展为 3 进线 3 变压器（其中 2 台主变压器经过隔离开关接至母线上）配置接线；最终形成 6 出线 4 变压器（其中 2 台变压器经过断路器接于母线）配置的 3/2 接线。

（2）终端变电站。终端变电站在城网中数量最多，不设母线，可采用线路—变压器单元接线和桥式接线。

1）220kV 高压侧线路—变压器单元接线。线路—变压器单元接线进线可不设断路器，只有隔离开关，接线十分简单，占地小，可靠性高。线路或变压器故障由送电端变电站出线断路器远方跳闸或合闸。故障状态的通信由通信网络完成。220kV 高压侧线路—变压器单元接线如图 6-4 所示。

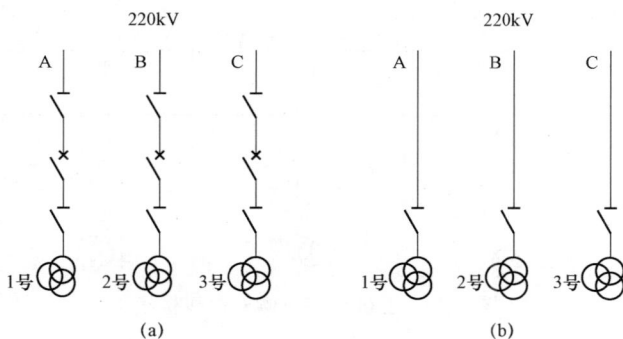

图 6-4　220kV 高压侧线路—变压器单元接线
(a) 有断路器；(b) 无断路器

2）220kV 高压侧桥式接线。中心（或枢纽）变电站或中间变电站在建站初期只起到终端变电站作用，为了比较容易地过渡到最终规划的双母线或单母线分段接线，可采用桥式接线，并按变压器台数、线路回数和可能出现的运行方式及线路长短等情况来确定采用内桥或外桥接线，或扩大桥式接线。220kV 高压侧桥式接线如图 6-5 所示。

（3）中间变电站。中间变电站的功能介于中心（或枢纽）变电站和终端变电站之间，它接线方式的复杂程度也介于中心（或枢纽）变电站和终端变电站之间，最终规模具有 8～12 回进出线，通常可采用双母线接线或单母线分段接线。

1）220kV 高压侧双母线接线。220kV 高压侧双母线接线如图 6-6 所示。

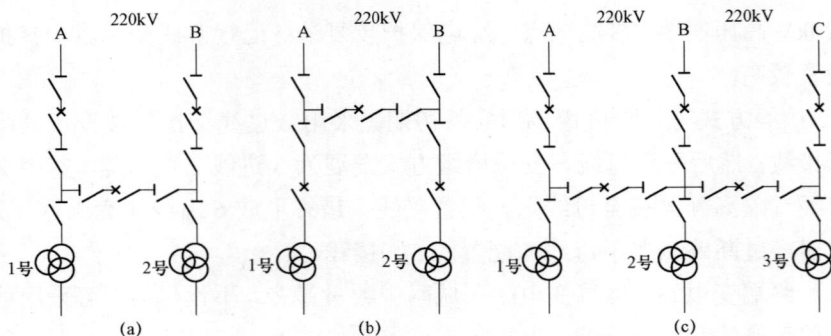

图 6-5　220kV 高压侧桥式接线

（a）内桥；（b）外桥；（c）扩大内桥

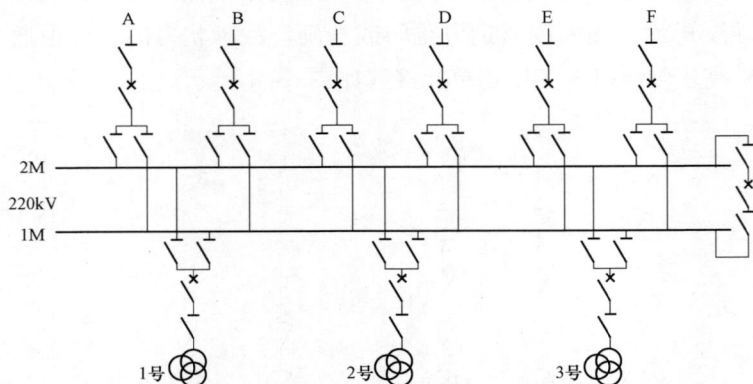

图 6-6　220kV 高压侧双母线接线

220kV 高压侧双母线接线优点：供电可靠性高，通过两组母线隔离开关的倒换操作，可以轮流检修一组母线而不中断供电；调度灵活，各个电源和各路负荷可以任意分配到任意一组母线上，能灵活地适应系统中各种运行方式和潮流变化的需要；便于变电站扩建。

220kV 高压侧双母线接线缺点：每 1 回路都要增加 1 组母线隔离开关，故该接线使用隔离开关较多；容易发生隔离开关的误操作；双母线接线相对占地面积比较大；投资比较大。

2）220kV 高压侧单母线分段接线。220kV 高压侧单母线分段接线如图 6-7所示。

220kV 高压侧单母线分段接线优点：简单清晰；操作方便；调度比较灵活；故障率较低；供电可靠性比较高，用断路器把母线分段后，对重要用户可以从不

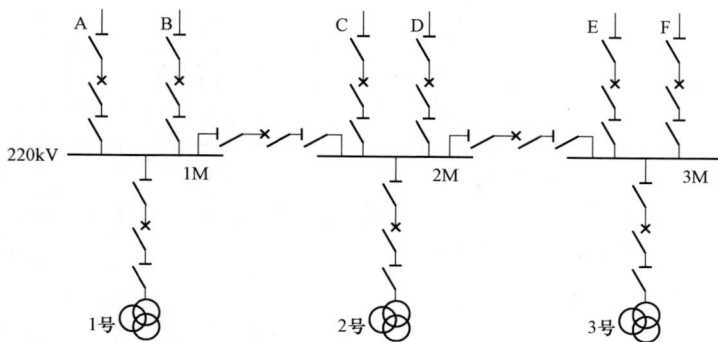

图 6-7　220kV 高压侧单母线分段接线

同段引出 2 个回路，由 2 个电源供电。当一段母线发生故障时，分段断路器自动将故障段切除，保证正常段母线不间断供电和不致使重要用户停电。

　　220kV 高压侧单母线分段接线缺点：当母线或母线隔离开关发生故障或检修时，该段母线上所连接的全部引线都要停电。

6.2.1.2　110kV 中压侧主接线

　　在选择 110kV 中压侧主接线方式时应考虑以下因素：必须和高压侧相适应；考虑低压侧短路电流，因为短路电流太大可能会使电气设备选择发生困难。

　　110kV 中压侧出线回路比较多，一般可有 9～12 回出线，为了保证 110kV 供电的可靠性，220kV 变电站 110kV 中压侧宜采用双母线、双母线单分段、双母线双分段和单母线接线方式，分别如图 6-8～图 6-11 所示。

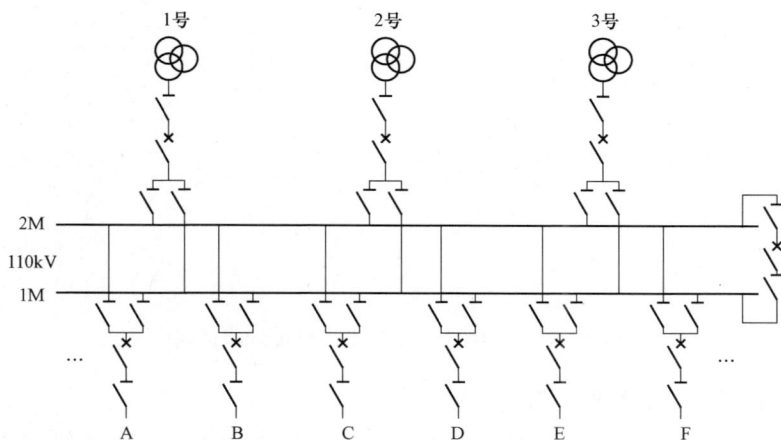

图 6-8　110kV 中压侧双母线接线

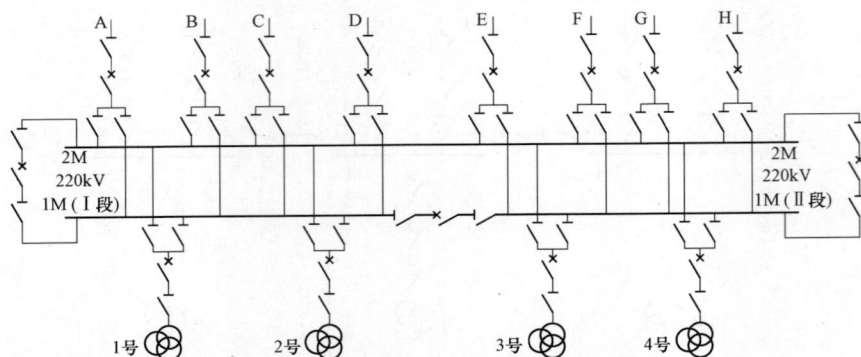

图 6-9　110kV 中压侧双母单分段接线

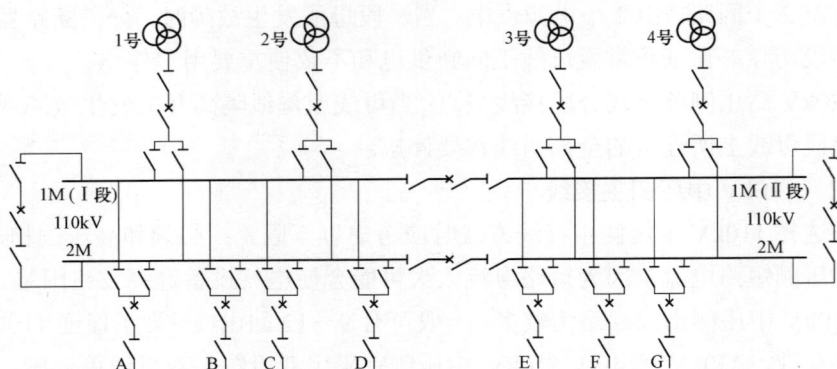

图 6-10　110kV 中压侧双母双分段接线

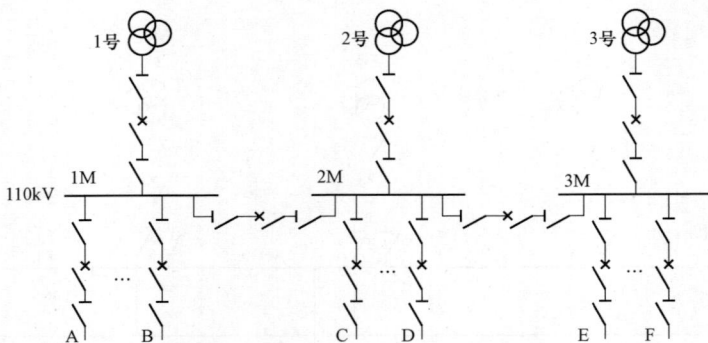

图 6-11　110kV 中压侧采用单母分段接线

6.2.1.3　10（35）kV 低压侧主接线

　　220kV 变电站 10（35）kV 低压侧主接线一般采用单母分段接线方式，其接线示意如图 6-12 所示。

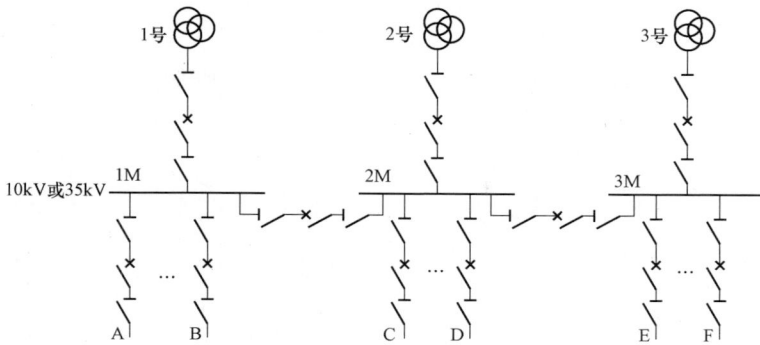

图 6 – 12　220kV 低压侧采用单母分段接线

6.2.2　35、66、110kV 变电站主接线及其特点

在我国 35、66、110kV 变电站的主接线形式，一般多为单母线接线方式、线路—变压器组、单元接线和内桥接线，其中单母线接线方式通常可以分为单母线接线、单母线分段接线和单母线分段带旁路母线接线等。

（1）单母线分段接线方式。单母线分段接线方式如图 6 – 13 所示，是最常见的变电站接线方式之一。

图 6 – 13（c）中的接线方式主要解决在一段母线上接 2 台主变压器，当母线故障时，可能会引起 2 台主变压器全停的弊端。将中间的主变压器同时接到 I、II 段母线上，用隔离开关分开，这样在运行方式上中间的变压器可以灵活地接到两段母线上。当一段母线故障时，中间的变压器可以灵活的转接到非故障母线上，与运行的主变压器并列运行。

单母线分段接线方式优点：简单清晰；操作方便；调度比较灵活；故障率较低；供电可靠性比较高，用断路器把母线分段后，对重要用户可以从不同段引出 2 个回路，由 2 个电源供电。当一段母线发生故障时，分段断路器自动将故障段切除，保证正常段母线不间断供电和不致使重要用户停电。

单母线分段接线方式缺点：进出线最多 4 回，当超过 4 回进出线时不宜使用单母线分段接线；当出线为双回路时，常使架空线路出线交叉跨越；扩建时需向两个方向均衡扩建。

（2）线路—变压器组接线方式。这种接线方式中，电源侧通过开关、线路到变压器，接线简单，具有设备较少，占地少，投资少的优点。线路—变压器组接线方式如图 6 – 14 所示。

(a)　　　　　　　　　　　　　　(b)

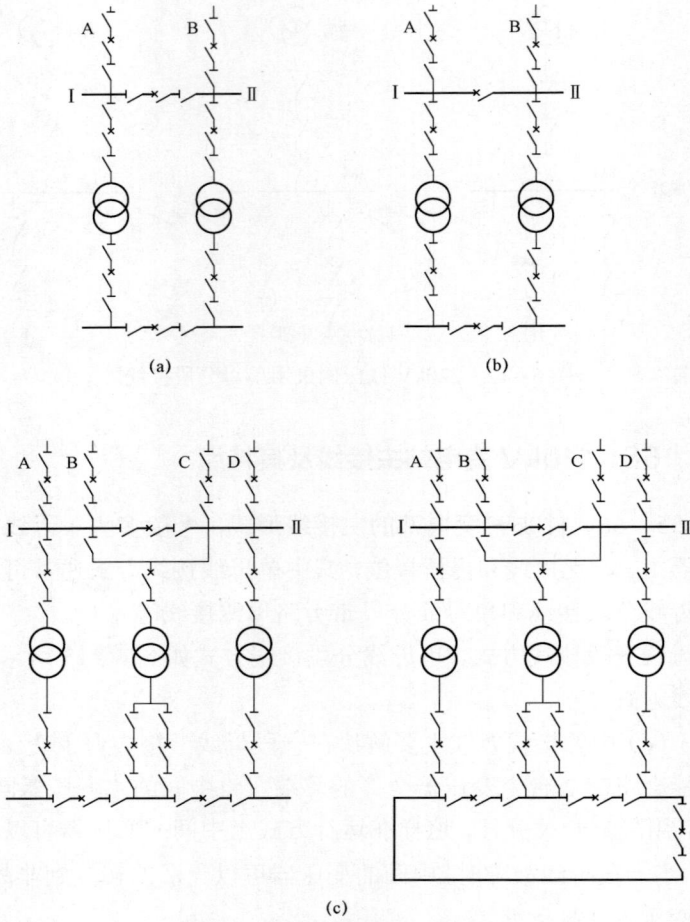

(c)

图 6-13　单母线分段接线方式

（a）母线中间采用分段开关；（b）母线中间采用隔离开关；（c）单母线分段的另一种接线方式

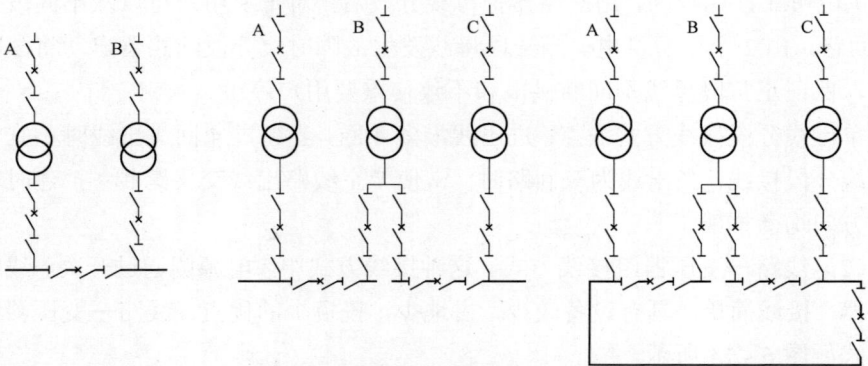

图 6-14　线路—变压器组接线方式

1）不带断路器的线路—变压器组接线。进线不设断路器，只设接地隔离开关或加设 1 组线路隔离开关。如发生变压器或进线线路故障，可防止变压器检修时送电端突然来电的危害。

2）带断路器的线路—变压器组接线。在电源进线回路加设断路器，这样不仅能省去远方跳闸，简化保护，提高可靠性，也方便变压器检修。

（3）单元接线方式。单元接线方式如图 6－15 所示。其优点为：没有横向母线，变电站面积小；设备较少；节约投资；可靠性高；线路故障率高于变压器故障率，但对用户而言，通过多低压侧倒供负荷，不会停电；电源侧灵活度较高。

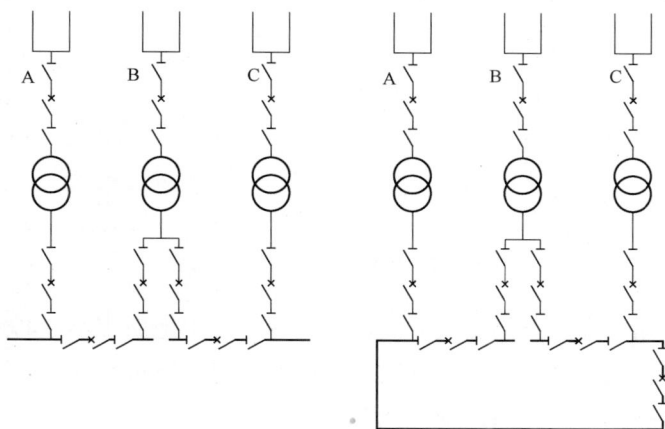

图 6－15　单元接线方式

缺点为：由于 110kV 侧无母线无法并联，故 10kV 侧各段母线也不能并联。

（4）内桥接线方式。内桥接线是由 1 台断路器和 2 组隔离开关组成接线桥，将 2 回线路变压器组横向连接起来的电气主接线。内桥接线方式如图 6－16 所示。

内桥接线方式的优点：变电站占地面积小；断路器数量少；接线比较简单；线路投入、断开、检修或故障时，通常对用户供电影响较小。

内桥接线方式的缺点：内桥接线的变压器投入与切除操作比较复杂；对于线路—变压器组接线，不够灵活可靠，110kV 变压器故障时中压负荷需通过 10kV 母线转供出去，即线路—变压器组任意元件故障，都会导致整个配电装置停电；线路投入、断开、检修或故障时，通常对供电

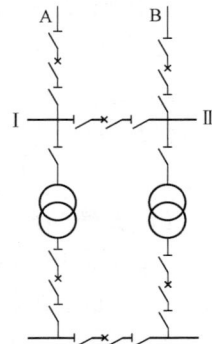

图 6－16　内桥接线方式

能力有一定影响。适用范围：变压器不经常切换的变电站和变电站初期建设时。

（5）内桥加线路—变压器组接线方式。内桥加线路—变压器组接线方式如图 6-17 所示。

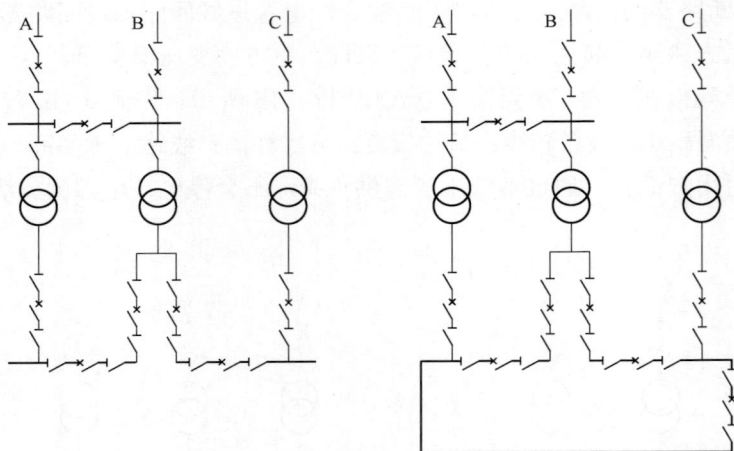

图 6-17 内桥加线变组接线方式

内桥加线路—变压器组接线方式优点：变电站占地面积小；断路器数量少；接线比较简单；变电站运行方式比较灵活；对用户供电可靠性比较高。

内桥加线路—变压器组接线方式缺点同内桥接线。

内桥加线路—变压器组接线方式适用范围：变压器不经常切换的变电站，以及变电站初期建设时采用了内桥接线，扩容时考虑内桥加线路—变压器组的接线方式。

6.3 主接线可靠性评估

变电站作为电力系统的重要环节，其电气主接线的可靠性具有非常重要的意义。常规电气主接线可靠性评估是指在组成主接线系统的元件（发电机、断路器、变压器、隔离开关、母线）可靠性指标已知和可靠性准则给定的条件下，评估整个主接线系统满足供电点电力以及电量需求的能力。

目前，应用于电力系统可靠性计算的常用方法一般有模拟法即蒙特卡罗法（Monte Carlo）和解析法两种，其中解析法又可分为以求解逻辑网络为基础的网络法和以解状态空间模型为基础的状态空间法 2 种。不同方法之间不存在优劣问题，只是优缺点和适用范围不同。

本书在对上述各方法分析总结的基础上，将状态空间法与网络法结合，综合两种方法的优点，通过分析元件状态或状态组合对系统最小路的影响来进行可靠性评估，即采用基于元件状态空间的最小割集法来进行 35～220kV 变电站电气主接线可靠性的分析计算，既能使计算过程快捷方便，又能保证计算结果的准确性。

6.3.1　主接线可靠性评估的步骤及假设

一般电气主接线系统的可靠性评估可归纳为以下步骤：

（1）定义系统范围，列出它所包括的元件；

（2）给出每个元件的故障率、修复率、计划检修率和停运时间；

（3）定义系统故障判据，即规定主接线系统正常和故障的条件，一般来说，变电站主接线系统的可靠性判据主要是连续性，即停电为故障、不停电为正常；

（4）建立数学模型，选择要计算的可靠性指标，如概率、频率、平均无故障工作时间、平均停电时间等；

（5）计算主接线可靠性指标。

因为电气主接线系统的元件数可能很多，要分析全部可能的事故往往需要繁重的工作量，因此在估计电气主接线系统可靠性时，通常需要做一些如下简化假定：① 元件的故障是独立的；② 元件的连续工作时间、修复时间、计划维修时间和倒闸操作时间均认为服从概率分布（一般选择指数分布或者威布尔分布）；③ 不考虑元件的过负荷情况；④ 一般只考虑单一故障，某些情况下至多考虑到二重故障，忽略二重以上故障；⑤ 继电保护的影响计入到断路器的可靠性数据中；⑥ 多数情况下，把电力元件作为可修复元件处理，电气主接线系统作为可修复系统处理。也可认为在某检修情况下（例如 SF_6 类型断路器），把电力元件作为不可修复元件，电气主接线系统作为不可修复系统处理。

（1）元件四状态模型。变电站电气主接线的可靠性评估采用元件四状态模型，该模型分为正常状态（N）、故障后未切除状态（S）、故障后切除状态（R）、计划检修状态（M），如图 6-18 所示。

在状态检修技术中，当某一设备按照状态检修方式进行检修时，设备状态是状态检修方式的依据。如图 6-19 所示，在设备状态检修方式中，当设备状态出现异常，即检测到故障征兆点 B 出现时，工作人员会在此故障征兆点 B 到故障发生时刻 D 这段时间内密切监测设备状态。当设备达到状态阈值点 C 时将会有以下两种处理方式：① 对设备进行停运检修；② 直到设备状态降低到低点 D 时进行维修或更换。通过这两种方式可以看出，方式 1 时该设备从异常状态转为强迫停运状态，方式 2 时该设备从异常状态转为故障状态。

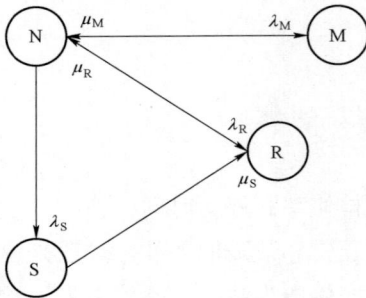

图 6-18 元件四状态模型简图

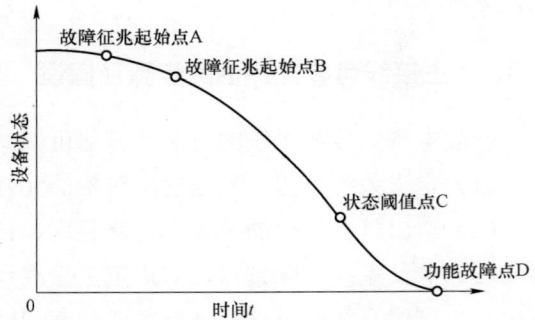

图 6-19 设备状态曲线

上述的元件四状态模型中，只对设备的强迫停运方式以及计划检修方式进行了定义，没有考虑设备的状态检修方式。根据图 6-19 所示的设备状态曲线以及上一段对状态检修过程的分析可知，设备状态检修也应该纳入元件四状态模型之中。根据以上的假设，重新定义设备的异常状态、检修状态、故障状态及其相关关系。

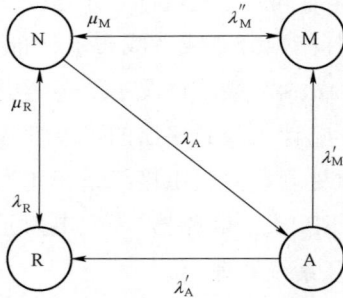

图 6-20 改进的元件四状态模型简图

N—元件正常状态；A—元件异常状态；R—元件故障状态；M—元件检修状态；λ_A—元件从正常状态转变为异常状态的概率；λ_M'—元件从异常状态转为检修状态的状态检修概率；λ_M''—元件的检修率；λ_R—元件的故障率；λ_A'—元件从异常状态转为故障状态的概率；μ_R—元件复率；μ_M—检修修复率

元件异常状态（A）：元件某些功能出现故障或者元件出现故障征兆时该元件所处的状态。

元件检修状态（M）：元件处于检修的状态，包含计划检修和状态检修状态。

元件故障状态（R）：当元件无法保证其应有的主功能时所处的状态。对于断路器等开关设备，其误动和拒动纳入元件的故障状态。

应用以上定义建立的改进元件四状态模型如图 6-20 所示。

对比改进的元件四状态模型与经典元件四状态模型可知，改进元件四状态模型能更清晰地表示元件状态之间的转换关系，且 M 状态与 R 状态的记录提取更为简便。

运用状态空间法，设元件正常状态（N）、元件检修状态（M）、元件异常状态（A）、元件故障状态（R）概率分别为 P_N、P_M、P_A、P_R，因元件处于任一状态的事件是互斥的，则有：

$$P_N + P_M + P_A + P_R = 1 \qquad (6-1)$$

在稳态情况下，元件的马尔可夫状态方程为：

$$\begin{cases} -(\lambda_R + \lambda_A + \lambda_M'')P_N + \mu_M P_M + \mu_R P_R = 0 \\ -\mu_R P_R + \lambda_R P_N + \lambda_A' P_A = 0 \\ -\lambda_A P_N + (\lambda_A' + \lambda_M')P_A = 0 \\ -\mu_M P_M + \lambda_M' P_A + \lambda_M'' P_N = 0 \end{cases} \qquad (6-2)$$

将式（6-1）与式（6-2）联立求解可得在稳态情况下各状态的概率，结果如下：

$$\begin{cases} P_N = 1 \left/ \left(1 + \dfrac{\lambda_R}{\mu_R} + \dfrac{\lambda_M''}{\mu_M} + \dfrac{\mu_R \mu_M \lambda_A + \mu_M \lambda_A \lambda_A' + \mu_R \lambda_A \lambda_M'}{\mu_R \mu_M (\lambda_A' + \lambda_M')}\right)\right. \\ P_R = \dfrac{\lambda_R \lambda_A' + \lambda_R \lambda_M' + \lambda_A \lambda_A'}{\mu_R(\lambda_A' + \lambda_M')} P_N \\ P_M = \dfrac{\lambda_A' \lambda_M'' + \lambda_M' \lambda_M'' + \lambda_A \lambda_M'}{\mu_M(\lambda_A' + \lambda_M')} P_N \\ P_A = \dfrac{\lambda_A}{\lambda_A' + \lambda_M'} P_N \end{cases} \qquad (6-3)$$

（2）隔离开关、电流互感器（TA）和电压互感器（TV）的可靠性模型。

隔离开关、TA、TV 等元件一般无计划检修，它们发生故障引发的后果与它们所连接的元件发生故障相同。所以为了简化模型，提高计算效率，可将这些元件按照可靠性逻辑合并到其端部的母线或断路器中，当某元件连接 n 个元件时，其故障率和修复率分别为 λ_{jR} 和 μ_{jR}（$j=1$、2、3、…、n）；当它们在可靠性逻辑上为串联关系时，则合并时该元件的等效故障率 λ_{eqR} 和等效修复率 μ_{eqR} 为：

$$\begin{cases} \lambda_{eqR} = \sum_{j=R}^n \lambda_{jR} \\ \mu_{eqR} = \lambda_{eqR} \left/ \sum_{j=1}^R (\lambda_{jR}/\mu_{jR})\right. \end{cases} \qquad \mu_{eqR} = \lambda_{eqR} \left/ \sum_{j=1}^R (\lambda_{jR}/\mu_{jR})\right. \qquad (6-4)$$

（3）基于元件状态空间的最小割集算法。通过对主接线系统状态的分析，可看出系统状态的改变和事件的发生是由组成系统的元件状态变化所引起的，因此其可靠性计算必须基于主接线各元件的可靠性，以及主接线网络的拓扑结构。研究变电站电气主接线可靠性时，一般假定以某一电源点为起点，且电源点完全可靠，以二次母线（变压器低压侧）为终点，分析和计算由起点到终点的可靠性指标，而这些可靠性指标值则是由电源起点和低压母线间的主接线元件构成的电力传输通道所决定的。这些电力通道就是变电站主接线网架结构图中的最小路，当主接线某元件因故障或其他原因而停运时，将导致某些最小路（即电力传输通道）被切断，造成系统供电中断。

基于上述分析，可看出系统的故障状态是由元件的故障状态或状态组合所确定的，假设系统的状态空间为Ω，整个系统状态域由工作状态域 W 和故障状态域 F 两部分组成。在 F 域中的状态 C，经每一次修复都转移到 W 域中，则这些状态称为最小割集状态。最小割集状态与最小割集的概率紧密相关，割集是元件集合，当这些元件同时故障时会导致系统故障，而最小割集状态是元件状态的集合，其中故障元件的修复都将使系统恢复到工作状态。应用最小割集状态可以达到以下两个目的：

1）在一定条件下，用最小割集状态代替全部的系统故障状态，可以得到系统故障概率和频率的近似式。

2）一旦最小割集状态已知，其他状态里面只要故障元件包含最小割集状态中的故障元件，也必然是系统的故障状态，这样可以大大简化故障的结果分析。

因此，可以推导出基于元件状态空间的最小割集法的近似计算公式，系统 P_F 和 f_F 的计算表达式为：

$$\begin{cases} P_F \approx \sum_{i \in F} P(C_i) \\ f_F = \sum_{i \in F} P(C_i)M_i \end{cases} \qquad (6-5)$$

式中　P_F——系统故障概率；

　　　C_i——最小割集状态；

　　　f_F——系统故障频率；

　　　M_i——系统最小割集状态向正常状态转移的转移率。

（4）可靠性评估基本算法。可靠性评估的基本流程如图 6-21 所示，主要包括建立网架结构,利用最小割集法搜索系统故障事件,对每个事件计算事故概率、频率及失电量等, 累积计算结果并输出计算结果。

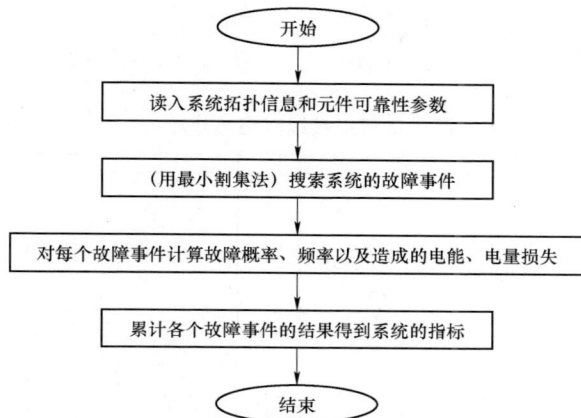

图 6-21 电气主接线可靠性评估的基本流程

（5）开关操作模拟。变电站电气主接线有很多复杂的开关操作,由于具有相关性,很难用传统的模型进行描述。如何准确地模拟开关操作是可靠性分析的关键。对母线及其邻近断路器的开关操作进行模拟,按照断路器进行搜索,形成断路器相关故障矩阵,包含了所有引起母线断路器故障事件及操作时间等信息,然后从上述最小割集算法得到的分析结果搜索出与母线断路器有关的最小割集时间,对照断路器相关故障矩阵得到所有相关的开关操作停运时间。

由于常开开关并不影响主接线的正常工作,因此,在搜索主接线的割集事件时,可暂不考虑常开开关。当故障发生时,利用常开开关可以将负荷转移,从而影响到故障停运持续时间。在本书中将常开开关作为对应常闭开关的替代设备,相应的开关切换时间作为替代设备投运的时间,通过这样处理简化分析计算过程。

6.3.2 35~220kV 典型电气主接线可靠性评估

在我国,35、66、110kV 变电站的主接线形式多为单母线、线路—变压器组、单元接线和内桥接线。其中单母线接线方式是最常见的主接线方式,可以进一步细分为单母线接线、单母线分段接线和单母线分段带旁路母线接线等。220kV 变电站最常见的电气主接线形式为双母线接线方式,其又可以进一步细分为双母线双分段、双母线单分段和双母线双分段带旁路等。

　　下面基于元件状态空间的最小割集法的算法思想和在变电站主接线可靠性指标计算详细论述的基础上，针对适用于双电源供电和两台变压器互为备用运行方式条件的四种典型的变电站高压电气主接线方案，应用该算法来进行系统的可靠性分析计算。四种典型方案的高压电气主接线网络拓扑结构见表6-1。

表6-1　　　　　　　　　高压电气主接线网络拓扑结构

序号	接线方式	电气主接线	序号	接线方式	电气主接线
1	I 1路电源，隔离开关受电的单母线接线	L1 L2 B5 B6 QF3 QF4 T14 T15	3	III 2路电源，断路器受电和分段的单母线接线	L1 QF3 QF4 B7 B7′ QF11 QF12 QF13 T14 T15
2	II 1路工作电源，1路联络电源，断路器受电的单母线接线	L1 L2 QF3 QF4 B7 QF11 QF12 T14 T15	4	IV 2路电源，断路器受电，断路器联络的双母线接线	L1 L2 QF3 QF4 B9 B7 QF11 QF13 QF12 T14 T15

6.3.2.1　电气主接线元件的可靠性模型

　　在参照国、内外相关统计资料的基础上，采用表6-2所示的电气主接线元件可靠性参数。

表 6 – 2　　　　　　　　　　　　　　**主接线元件可靠性参数**

元件名称	λ_R (1/年)	$MTTR$ (h)	μ_R (1/年)	λ_M'' (1/年)	T_M (h)	μ_M (1/年)	λ_M' (1/年)	λ_A (1/年)	λ_A' (1/年)
母线 B	0.3	2	4380	0.159	5	1752	0.459	0.000 124	0.431
输电线 L（线缆 100km）	0.5	5	1752	0.975	8	1095	0.372	0.000 111	0.518
断路器 QF	0.04	20	438	0.316	20	438	0.411	0.000 589	0.582
变压器 T	0.005	100	87.6	0.486	9	973	0.509	0.000 657	0.478
隔离开关 GS	0.015	15	584	—	—	—	—	0.000 328	0.637

注　$MTTR$ 为故障修复时间；T_M 为检修持续时间。故障修复率 $\mu_R = 8760 / MTTR$；检修修复率 $\mu_M = 8760 / T_M$（$24h \times 365d = 8760h$）。

对主接线网络拓扑结构图进行可靠性分析，首先将主接线元件进行等效处理，在等效元件界限内，任一元件发生故障均将引起所在支路的供电中断，因此，无论界限内元件是串联还是并联关系，在等效元件界限内均看作串联关系。各等效元件的可靠性指标见表 6 – 3。

表 6 – 3　　　　　　　　　　　　　　**等效元件的可靠性指标**

等效元件编码	元件组合	λ_{eqR} (1/年)	$MTTR_{eq}$ (h)	μ_{eqR} (1/年)	λ_{eqM}'' (1/年)	T_{eqM} (h)	μ_{eqM} (1/年)	λ_{eqM}' (1/年)	λ_{eqA} (1/年)	λ_{eqA}' (1/年)
X_1、X_2	L	0.5	5	1752	0.975	8	1095	0.372	0.000 111	0.518
X_1、X_4、X_{11}、X_{12}	QF + GS	0.055	18.636	470.049	0.316	20	438	0.411	0.000 917	1.219
X_{24}	L + QF + 2GS	0.57	6.579	1331.520	1.291	10.937	800.932	0.372	0.001 356	1.737
X_5、X_6	B + GS	0.315	2.619	3344.727	0.159	5	1752	0.459	0.000 452	1.068
$(X_7 \ X_7)$、X_7	B + 3GS	0.345	3.696	2370.353	0.159	5	1752	0.459	0.001 108	2.342
X_8	B + 4GS	0.36	4.348	2014.8	0.159	5	1752	0.459	0.001 436	2.979
X_9、X_{10}	B + 5GS	0.375	5	1752	0.159	5	1752	0.459	0.001 764	3.616
X_{13}	QF	0.04	20	438	0.316	20	438	0.411	0.000 589	0.582
X_{14}、X_{15}	T	0.005	100	87.6	0.486	9	973	0.509	0.000 657	0.478

注　λ_{eqR} 为等效故障率；μ_{eqR} 为等效修复率；$MTTR_{eq}$ 为等效故障修复时间；$MTTR_{eq} = 8760 / \mu_{eqR}$；$\lambda_{eqM}''$ 为等效检修修复率；T_{eqM} 为等效检修持续时间；μ_{eqM} 为等效元件修复率；λ_{eqM}' 为等效的元件从异常状态转为检修状态的状态检修概率；λ_{eqA} 为等效的元件从正常状态转变为异常状态的概率；λ_{eqA}' 为等效的元件从异常状态转为故障状态的概率。

根据 6.3.1 节中主接线元件状态概率计算公式，可得元件各状态概率值，见表 6-4。

表 6-4 等效元件各状态概率值

元件 \ 状态概率	元件正常工作状态 P_N	元件故障状态 P_R	元件检修状态 P_M	元件异常状态 P_A
X_1、X_2	0.998 70	0.000 285	0.000 889	0.000 125
X_1、X_4、X_{11}、X_{12}	0.998 60	0.000 118	0.000 721	0.000 562
X_{24}	0.997 32	0.000 428	0.001 608	0.000 641
X_5、X_6	0.999 52	0.000 094	0.000 091	0.000 296
X_7 X_7、X_7	0.999 37	0.000 146	0.000 091	0.000 395
X_8	0.999 31	0.000 179	0.000 091	0.000 417
X_9、X_{10}	0.999 26	0.000 215	0.000 091	0.000 433
X_{13}	0.998 59	0.000 092	0.000 721	0.000 592
X_{14}、X_{15}	0.998 78	0.000 061	0.000 499	0.000 665

6.3.2.2 主接线网络的最小路集和最小割集状态

根据前面章节所述，在对变电站主接线可靠性分析计算时，首先应对主接线网架结构的最小路集和反映系统故障状态进行分析，见表 6-5。

表 6-5 主接线网络最小路集和最小割集状态

接线方式	最小路集表达式 L_i	最小割集状态表达式 C_i
Ⅰ	$X_1X_3X_5X_{14}$	$\{\overline{X}_1\}$，$\{\overline{X}_3\}$，$\{\overline{X}_5\}$，$\{\overline{X}_{14}\}$
Ⅱ	$X_1X_3X_7X_{11}X_{14}$ $X_{24}X_7X_{11}X_{14}$	$\{\overline{X}_1\overline{X}_{24}\}$，$\{\overline{X}_3\overline{X}_{24}\}$，$\{\overline{X}_7\}$，$\{\overline{X}_{11}\}$，$\{\overline{X}_{14}\}$
Ⅲ	$(X_1X_3X_7X_{11}X_{14})\bigcup(X_2X_4X_7X_7X_{11}X_{13}X_{14})$	$\{\overline{X}_7\}$，$\{\overline{X}_{11}\}$，$\{\overline{X}_{14}\}$，$\{\overline{X}_1\overline{X}_2\}$，$\{\overline{X}_2\overline{X}_3\}$，$\{\overline{X}_1\overline{X}_4\}$，$\{\overline{X}_3\overline{X}_4\}$，$\{\overline{X}_1\overline{X}_7\}$，$\{\overline{X}_1\overline{X}_{13}\}$，$\{\overline{X}_3\overline{X}_7\}$，$\{\overline{X}_3\overline{X}_{13}\}$
Ⅳ	$(X_1X_3X_9X_{11}X_{14})\bigcup(X_2X_4X_9X_{11}X_{14})$ $(X_1X_3X_{10}X_{11}X_{14})\bigcup(X_2X_4X_{10}X_{11}X_{14})$ $(X_1X_3X_9X_{10}X_{13}X_{14})\bigcup(X_2X_4X_9X_{10}X_{13}X_{14})$	$\{\overline{X}_{14}\}$，$\{\overline{X}_9\overline{X}_{10}\}$，$\{\overline{X}_{10}\overline{X}_{11}\}$，$\{\overline{X}_{11}\overline{X}_{13}\}$，$\{\overline{X}_1\overline{X}_2\}$，$\{\overline{X}_2\overline{X}_3\}$，$\{\overline{X}_1\overline{X}_4\}$，$\{\overline{X}_3\overline{X}_4\}$

6.3.2.3 可靠性指标计算结果

求出变电站主接线网络各等效元件的概率值、最小路集和反映系统故障状态的最小割集状态以后，即可计算各典型主接线方案的可靠性指标，具体计算结果见表 6-6。

表 6-6　　　　　　　　　　　各典型电气主接线可靠性指标

可靠性判据指标　　　　接线方式	单台变压器连续运行		
	系统工作可靠率 P_s	系统故障率 λ_s（1/年）	系统平均无故障工作时间 $MTBF$（h）
Ⅰ	0.995 601	2.860 006	3062.93
Ⅱ	0.996 735	1.363 459	6424.83
Ⅲ	0.996 739	1.383 458	6331.96
Ⅳ	0.998 764	0.505 928	17 314.73

注　$\lambda_s = f_s / P_s$；$MTBF = 8760 / \lambda_s$。

6.3.2.4　设备可靠性的提高与主接线方式之间的平衡分析

在实际工程中，主接线方式一旦确定就很难更改，如需要改将会增加投资成本。在接线方式不变的情况下，设备可靠性的提高同样可以提高变电站的整体可靠性水平。随着老旧设备的淘汰以及先进设备的应用，设备可靠性逐步提高，当设备可靠性提高到一定高度时，就能在一定程度上弥补不完善变电站电气主接线的不足，使主接线可靠性提高到可接受的范围内，同时能够降低投资和提高工程实践的可行性。本书将以单元接线方式和单母线接线方式为例，对设备可靠性的提高与主接线方式之间的平衡进行分析，采用的分析方法为：将表 6-2 中每种主接线元件的可靠性参数逐次提高到一定水平，可靠性参数在原参数的 0%～100% 内变化；当单元接线的可靠性水平接近于单母线接线时，对相应参数进行微调，使其可靠性水平与单母线接线方式相当。

通过对原有主接线元件参数的逐次调整，计算得出：当可靠性参数（停电率和停电时间）降低到原有参数的 80% 时，单元接线的可靠性水平接近于单母线接线方式，如图 6-22 所示。

此时，各主接线元件的可靠性参数见表 6-7。

表 6-7　　　　　　　　　　　调整后的主接线元件可靠性参数

元件名称	λ_R（1/年）	$MTTR$（h）	μ_R（1/年）	λ''_M（1/年）	T_M（h）	μ_M（1/年）	λ'_M（1/年）	λ_A（1/年）	λ'_A（1/年）
母线 B	0.21	1.6	5475	0.127 2	4	2190	0.367 2	0.000 099 2	0.344 8
输电线 L（线缆 100km）	0.18	4	2190	0.78	6.4	1369	0.297 6	0.000 088 8	0.414 4

续表

元件名称	λ_R (1/年)	$MTTR$ （h）	μ_R (1/年)	λ_M'' (1/年)	T_M （h）	μ_M (1/年)	λ_M' (1/年)	λ_A (1/年)	λ_A' (1/年)
断路器 QF	0.012	16	548	0.252 8	16	548	0.328 8	0.000 471 2	0.465 6
变压器 T	0.004	80	110	0.388 8	7.2	1217	0.407 2	0.000 525 6	0.382 4
隔离开关 GS	0.012	12	730	—	—	—	—	0.000 262 4	0.509 6

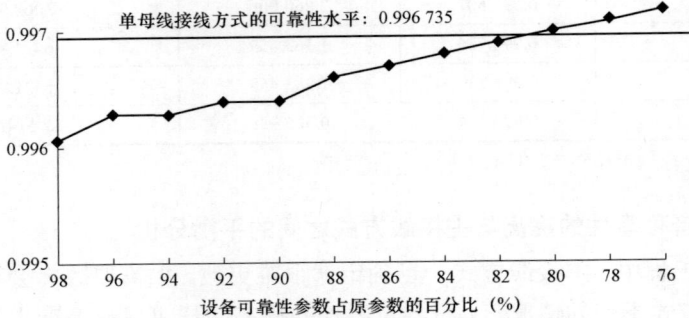

图 6-22　不同可靠性水平的设备对应的主接线可靠性水平

由此可见，可以通过提高设备元件的可靠性水平来提高变电站主接线的可靠性水平，且元件可靠性水平的提升程度比较合理，在工程实际中易于实现。在工程实践中，可以采取该种方法来弥补简单的变电站电气主接线可靠性低的缺点，使主接线达到一定的可靠性要求。

6.4　主接线经济性评估

6.4.1　经济性评估模型

6.4.1.1　经济费用分析

变电站主接线经济性评估一般采用动态经济评估的方法。由于货币的经济价值随时间改变，费用的支付时间不同，其发挥的效益也不同，因此采用"现值转年值"的方法进行经济性比较。此外，由于不同变电站主接线模型对应的总负荷量不同，为使不同主接线变电站间具有可比性，故采用"单位负荷年费用"作为经济性评估比较的指标。

变电站建设运行总成本（费用）包括变电站投资成本（费用）、运行成本（费用）、风险损失费用三部分，变电站投资运行总成本的目标函数可以用下式表示：

$$\min C = C_{\mathrm{I}} + C_{\mathrm{O}} + C_{\mathrm{R}} \tag{6-6}$$

式中　C——变电站投资运行总成本；

$\quad$ C_{I}——投资成本；

$\quad$ C_{O}——运行成本；

$\quad$ C_{R}——风险损失费用。

根据"现值转年值"方法，变电站建设运行年费用计算如下：

$$C = C_{\mathrm{I}}\left[\frac{r(1+r)^n}{(1+r)^n-1}\right] + C_{\mathrm{O}} + C_{\mathrm{R}} \tag{6-7}$$

式中　n——变电站经济使用年限；

$\quad$ r——变电站投资回收率。

变电站运行成本包括变电站运行维护基本成本和变压器线损两部分，变压器线损与变电站损失电量有关，运行成本计算如下：

$$C_{\mathrm{O}} = C_{\mathrm{OM}} + 8760\alpha P k_{\mathrm{Price}} \tag{6-8}$$

式中　C_{OM}——变电站运行维护基本成本；

$\quad$ α——变压器线损系数；

$\quad$ P——变电站所带平均负荷，kW；

$\quad$ k_{Price}——单位电价，元/kWh。

风险损失费用利用期望缺供电量（$EENS$）指标乘以单位停电损失可得风险损失费用，在考虑社会效益时，按照单位电量产生的 GDP 来计算。风险停电损失费用计算如下（考虑公司与社会效益）：

$$C_{\mathrm{R}} = 8760P(1-P_{\mathrm{S}})(k_{\mathrm{Price}} + k_{\mathrm{GDP}}) \tag{6-9}$$

式中　k_{GDP}——单位电量的经济效益，元/kWh。

6.4.1.2　经济性评估方案及参数设定

考虑未来负荷发展需求，本书研究对象为在不同负载率（10%～80%）下、35～66kV 等级的不同主接线方式的变电站，通过数据分析可选取出特定负荷范围内不同变电站符合经济性和可靠性要求的主接线方式。

下面以三种方案为例说明高压变电站主接线方式的经济性评估结果。

（1）电压等级为 110kV 的变电站，变电站负载率为 10%～25%时，分别对单元接线和单母线分段两种接线方式进行比较，其中选取 15%、20%、25%的负载率，变压器容量分别选用 31.5、40、50MVA 进行举例说明，对于单母线分段来说变压器容量为 2×31.5、2×40、2×50MVA。

（2）电压等级为 110kV 的变电站，变电站负载率为 25%～75%时，分别对单母线分段和双母线分段两种接线方式进行比较，其中选取 25%、50%、75%的负载率，变压器容量分别选用 2×31.5、2×40、2×50MVA 进行举例说明。

（3）电压等级为 220kV 的变电站，变电站负载率为 25%～75%时，分别对单母线分段和双母线分段两种接线方式进行比较，其中选取 25%、50%、75%的负载率，变压器容量分别选用 2×120、2×180、2×240MVA 进行举例说明。

在这三种方案中，设备经济使用年限取为 25 年，变电站投资回收率取为 10%，单位电价为 0.5 元/kWh，单位电量的经济效益为 10 元/kWh。

6.4.2　35～220kV 典型电气主接线经济性评估

根据以上计算方法可得三种投资方案的经济性评估，结果如下。

（1）方案一。方案一的经济性评估结果见表 6-8。

表 6-8　　　　　110kV 变电站负载率为 25%以下时两种主接线方式的投资效益对比

变电站负载率	接线方式	变电站容量（MVA）	投资成本（万元）	运行成本（万元）	风险损失（万元）	总费用（万元）
15%	单元接线	31.5	1039.5	75.87	95.59	1210.96
	单母线分段	2×31.5	2142	151.74	141.72	2435.46
	单元接线	40	1320	82.85	121.39	1524.24
	单母线分段	2×40	2720	165.70	179.97	3065.67
	单元接线	50	1650	91.06	151.73	1892.80
	单母线分段	2×50	3400	182.13	224.96	3807.09
20%	单元接线	31.5	1039.5	84.49	127.46	1251.45
	单母线分段	2×31.5	2142	168.99	188.97	2499.95
	单元接线	40	1320	93.80	161.85	1575.65
	单母线分段	2×40	2720	187.60	239.96	3147.56
	单元接线	50	1650	104.75	202.31	1957.06
	单母线分段	2×50	3400	209.50	299.95	3909.45
25%	单元接线	31.5	1039.5	93.12	159.32	1291.93
	单母线分段	2×31.5	2142	186.23	236.21	2564.44
	单元接线	40	1320	104.75	202.31	1627.06

续表

变电站负载率	接线方式	变电站容量（MVA）	投资成本（万元）	运行成本（万元）	风险损失（万元）	总费用（万元）
25%	单母线分段	2×40	2720	209.50	299.95	3229.45
	单元接线	50	1650	118.44	252.89	2021.33
	单母线分段	2×50	3400	236.88	374.93	4011.81

由表 6-8 可知，110kV 变电站负载率为 25%以下时，选用单元接线方式的经济性效益优于单母线分段的主接线方式，较符合经济性的要求。

（2）方案二。方案二的经济性评估结果见表 6-9。

表 6-9　　　　110kV 变电站负载率为 25%～75%时两种
主接线方式的投资效益对比

变电站负载率	接线方式	变电站容量（MVA）	投资成本（万元）	运行成本（万元）	风险损失（万元）	总费用（万元）
25%	单母线分段	2×31.5	2142	186.23	236.21	2564.44
	双母线双分段	2×31.5	2583	186.23	89.53	2858.76
	单母线分段	2×40	2720	209.50	299.95	3229.45
	双母线双分段	2×40	3280	209.50	113.69	3603.19
	单母线分段	2×50	3400	236.88	374.93	4011.81
	双母线双分段	2×50	4100	236.88	142.11	4478.98
50%	单母线分段	2×31.5	2142	272.46	472.42	2886.88
	双母线双分段	2×31.5	2583	272.46	179.06	3034.52
	单母线分段	2×40	2720	319.00	599.89	3638.89
	双母线双分段	2×40	3280	319.00	227.37	3826.37
	单母线分段	2×50	3400	373.75	749.87	4523.62
	双母线双分段	2×50	4100	373.75	284.22	4757.97
75%	单母线分段	2×31.5	2142	358.69	708.62	3209.32
	双母线双分段	2×31.5	2583	358.69	268.59	3210.28
	单母线分段	2×40	2640	428.50	899.84	3968.34
	双母线双分段	2×40	3280	428.50	341.06	4049.56
	单母线分段	2×50	3300	510.63	1124.80	4935.43
	双母线双分段	2×50	4100	510.63	426.33	5036.95

由表 6-9 可知，110kV 变电站负载率为 25%~75%时，选用单母线分段方式的经济性效益优于双母线分段的主接线方式，较符合经济性的要求。

（3）方案三。方案三的经济性评估结果见表 6-10。

表 6-10　　　　　　220kV 变电站负载率为 25%~75%时两种
主接线方式的投资效益对比

变电站负载率	接线方式	变电站容量（MVA）	投资成本（万元）	运行成本（万元）	风险损失（万元）	总费用（万元）
25%	单母线分段	2×120	7920	528.50	899.84	9348.34
	双母线双分段	2×120	8400	528.50	341.06	9269.56
	单母线分段	2×180	11 880	692.75	1349.76	13 922.51
	双母线双分段	2×180	12 600	692.75	511.59	13 804.34
	单母线分段	2×240	15 840	857.00	1799.68	18 496.68
	双母线双分段	2×240	16 800	857.00	682.12	18 339.12
50%	单母线分段	2×120	7920	857.00	1799.68	10 576.68
	双母线双分段	2×120	8400	857.00	682.12	9939.12
	单母线分段	2×180	11 880	1185.50	2699.52	15 765.02
	双母线双分段	2×180	12 600	1185.50	1023.19	14 808.69
	单母线分段	2×240	15 840	1514.00	3599.36	20 953.36
	双母线双分段	2×240	16 800	1514.00	1364.25	19 678.25
75%	单母线分段	2×120	7920	1185.50	2699.52	11 805.02
	双母线双分段	2×120	8400	1185.50	1023.19	10 608.69
	单母线分段	2×180	11 880	1678.25	4049.28	17 607.53
	双母线双分段	2×180	12 600	1678.25	1534.78	15 813.03
	单母线分段	2×240	15 840	2171.00	5399.04	23 410.04
	双母线双分段	2×240	16 800	2171.00	2046.37	21 017.37

由表 6-10 可知，220kV 变电站负载率为 25%~75%时，选用双母线分段方式的经济性效益优于单母线分段的主接线方式，较符合经济性的要求。

仿照以上计算过程，分别对 35、66kV 变电站主接线模型进行经济性评估，分析结果表明：负载率为 25%以下时，选用单元接线方式较为符合经济性和可靠性要求；负载率为 25%~75%时，选用单母线分段方式较为符合经济性和可靠性要求。

通过现场实际调研，发现该模型与工程实际需求相匹配，表明了该模型具有合理性和实用性。

6.5 小结

本章对 35～220kV 变电站的电气主接线方式进行了分析，论述了各种电压等级变电站典型电气主接线方式的优缺点，计算分析结果可用于变电站主接线的选型。

（1）不同变电站电气主接线满足的需求也不相同，变电站电气主接线应根据电力系统的需要、新型配电装置的开发以及各级电压母线在电力系统中所处的地位和作用选定。

1）不同电压等级的变电站主接线的选择与变电站进、出线回路数相关，一般单母线接线方式适用于进、出线回路数小于 4 回的变电站；双母线接线方式适用于进、出线回路数为 4～8 回的变电站；3/2 接线方式适用于进、出线回路数为6～8 回的变电站。

2）电力系统中电压等级高的母线，集结和输送的容量也比较大，发生故障时影响范围广，要求采用可靠性高的接线方式。单母线、单母线分段、单母线分段带旁路母线的接线适用于 110kV 及以下的电压等级；双母线、双母线带旁路母线的接线则多用于在电力系统中有一定重要性的 35～220kV 母线；对进、出线回路各为两个的变电站或终端变电站，通常采用桥形接线或线路—变压器组接线。

3）新型配电装置的出现、设备产品质量的调高以及设备管理技术的提高也对主接线方式的选择产生了一定的影响。例如，状态检修的应用使设备检修的频率降低，为采用单母线分段接线方式的可靠运行提供了较好的条件，使得简洁的单母线分段接线方式广为采用。

4）经过多年来的城乡配电网建设与改造，10kV 中压配电网得到较大的充实与加强，双电源用户不断增多，也为采用单母线接线方式创造了条件。

（2）提出了 35～220kV 变电站电气主接线的可靠性评估方法和相关计算流程，建立了变电站电气主接线可靠性评估的元件四状态模型，并利用基于状态空间的最小割集算法对四种典型高压电气主接线进行可靠性评估，从计算结果可以看出该方法能正确地反映系统的实际运行工况，从定量角度更加客观、准确地对主接线方案和运行方式的选择进行系统的可靠性分析。

（3）以单元接线和单母线接线为例，对设备可靠性的提高与主接线方式之间的平衡进行了分析，计算得出：当可靠性参数（停电率和停电时间）降低到原有参数的 80% 时，单元接线的可靠性水平接近于单母线接线方式。因此，也可以通过提高设备元件的可靠性水平来提高变电站主接线的可靠性水平，且元件的可靠性水平提高程度也比较合理，在工程实际中易于实现。在工程实践中，可以采取该种方法弥补简单的变电站电气主接线可靠性低的缺点，使主接线达到一定的可靠性水平。

（4）建立了变电站电气主接线经济性评估模型，采用成本/效益法进行经济性评估，以 3 种方案为例说明 35～220kV 电压等级变电站经济性较高的主接线方式。在工程实际中，主接线方式一旦确定就很难更改，一般不能随着负荷密度的增加实现不同接线方式的过渡，变电站接线方式的选择在实际规划建设中往往需要"一步到位"，因此，需要考虑将静态的规划建设与动态的负荷增长结合起来，即接线方式要与中期负荷预测相结合。结合以上考虑，变电站电气主接线的选择采取以下原则：

1）35、66、110kV 变电站负载率为 25% 以下时，宜至少选用单元接线方式；

2）35、66、110kV 变电站负载率为 25%～75% 时，宜至少选用单母线分段接线方式；

3）220kV 变电站负载率为 25%～75% 时，宜至少选用双母线分段接线方式。

第7章

状态检修对不同配电网网架结构
可靠性和经济性的影响

7.1 概述

除网架结构、电气主接线以外，设备可靠性参数是影响电网供电可靠性的另一个重要方面。根据我国城市中压供电系统可靠性统计数据，用户停电中预安排停电所占比例超过 70%，其中检修停电比例约为 40%。如何合理安排设备的检修次数和检修时间对提高配电网的可靠性至关重要。

状态检修技术是优化电网检修策略的有效手段。状态检修通过分析设备的运行现状，在保证设备运行可靠性的基础上，追求设备在其寿命期间成本达到最低，以获得最好的经济效益。它是检修策略发展到一定程度的必然产物，不仅是检修理念的一个进步，也是技术进步的产物。要全面实现状态检修，需要依赖多种先进技术的发展、完善和综合。与状态检修密切相关的技术包括状态监测与故障诊断技术、可靠性管理技术、寿命预测技术等。

状态检修相对于定期检修，大大减少了检修过程中存在的陪试率过高、过度检修可能损害设备等问题。从电网的角度，状态检修方式减少了设备在整个寿命周期内的停电检修时间，相当于提高了供电可靠性。状态检修的应用，有利于合理安排电力设备的检修，降低检修成本，同时保证系统有较高的供电可靠性。由于状态检修需要较高的检测手段及分析诊断仪器，故也需投入一定的成本。在电网不同发展阶段，状态检修对可靠性的提高程度也不尽相同，故需结合不同的网架结构研究状态检修对电网供电可靠性及经济性的影响。

7.2　高压配电网电气设备可靠性分析

随着高压配电网的不断扩大和发展，电力系统的结构也越来越复杂。由于自然、设备和人为等因素，电力系统会不可避免地发生故障，故障后若不能迅速恢复供电则会造成巨大的经济损失和重大的社会影响。电气设备可靠性水平作为核心组成部分，是关系整个电网长期安全、可靠、经济运行的关键。分析现有电网的电气设备可靠性水平，为提出相应的检修策略提供基础，从而保证电网安全稳定运行。

2009～2010 年架空线路、变压器、断路器、母线四类主要输变电设施计划停运及非计划停运影响可靠性指标的对比情况见表 7-1，其中正数代表 2010 年较 2009 年增加的量，负值代表 2010 年较 2009 年减少的量，0 代表 2010 年与 2009 年相同。

表 7-1　2009～2010 年各电压等级四类主要输变电设施影响可靠性指标的对比情况

设施类型	电压等级（kV）	计划停运影响的可用系数（%）	非计划停运影响的可用系数（%）
架空线路	220	−0.206	0.015
	110	−0.122	0.011
	66	−0.068	0.005
变压器	220	−0.035	−0.003
	110	−0.023	−0.002
	66	−0.024	0
断路器	220	−0.021	−0.002
	110	−0.01	−0.001
	66	−0.014	0
母线	220	−0.009	−0.001
	110	−0.004	0
	66	−0.011	0

从表 7-1 中可以看出：

（1）2010 年各电压等级架空线路、变压器、断路器、母线四类主要输变电设施可用系数均比 2009 年有所提高，表明 2010 年设备整体可靠性水平在提高。

（2）2010 年各电压等级架空线路、变压器、断路器、母线四类主要输变电设施计划停运影响的可用系数均有所降低，说明计划停运对可用系数的影响下降，反映了设备管理水平的提升。

（3）2010 年各电压等级架空线路非计划停运影响的可用系数与 2009 年相比有所提高，变压器、断路器、母线三类主要输变电设施非计划停运影响的可用系数变化不明显。

以 220kV 架空线路为例，计划停运对可用系数的影响很大，2010 年计划停运影响的可用系数比 2009 降低 0.206%，可见架空线路计划停运时间大幅缩减，设备管理水平稳步提升。

7.2.1　电气设备计划停运对可靠性的影响分析

2009～2010 年各电压等级架空线路、变压器、断路器、母线四类主要输变电设施的计划停运情况对比见表 7-2。其中正数代表 2010 年较 2009 年增加的量，负数代表 2010 年较 2009 年减少的量，0 代表 2010 年与 2009 年相同。

表 7-2　　　　各电压等级四类主要输变电设施计划停运情况对比

设施类型	电压等级（kV）	计划停运次数（次/百千米年、次/百台年）	计划停运时间（h/百千米年、h/百台年）
架空线路	220	-814	-16.526
	110	-2313	-10.034
	66	-397	-5.93
变压器	220	-531	-2.992
	110	-1694	-1.906
	66	-344	-2.054
断路器	220	-1886	-1.757
	110	-4015	-0.84
	66	-922	-1.182
母线	220	-197	-0.794
	110	-644	-0.365
	66	-52	-0.919

从表 7-2 可以看出，2010 年各电压等级架空线路、变压器、断路器、母线四类主要输变电设施的计划停运时间和计划停运次数与 2009 年相比均有所减少，同时也表明计划停运对可用系数的影响在降低。

（1）架空线路。

1）220kV 架空线路。220kV 架空线路各种类型计划停运小时数所占的比例如图 7-1 所示。

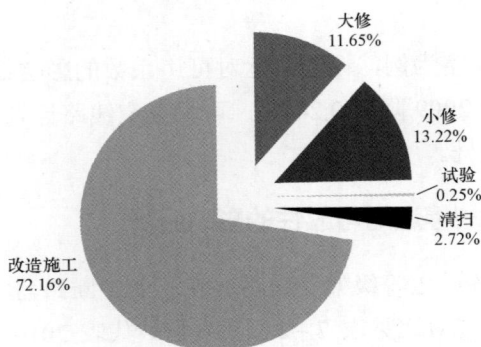

图 7-1　2010 年 220kV 配电网架空线路各类型计划停运小时数所占比例

220kV 架空线路的改造施工时间较长，占计划停运总时间的 72.16%，是影响可用系数的主要因素，其次是小修与大修时间，分别占计划停运总时间的 13.22% 和 11.65%。

2）110kV 架空线路。110kV 架空线路各种类型计划停运小时数所占的比例如图 7-2 所示。

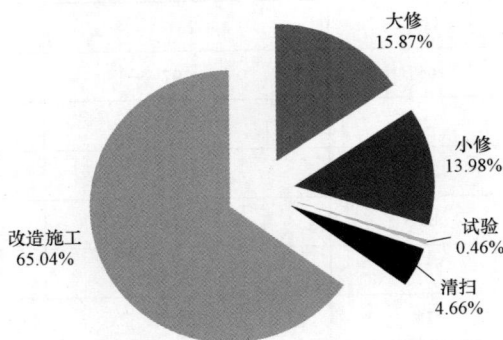

图 7-2　2010 年 110kV 配电网架空线路各类型计划停运小时数所占比例

110kV 架空线路的改造施工时间较长，占计划停运总时间的 65.04%，是影响可用系数的主要因素，其次是大修与小修时间，分别占计划停运总时间的 15.87% 和 13.98%。

3）66kV 架空线路。66kV 架空线路各种类型计划停运小时数所占的比例如图 7-3 所示。

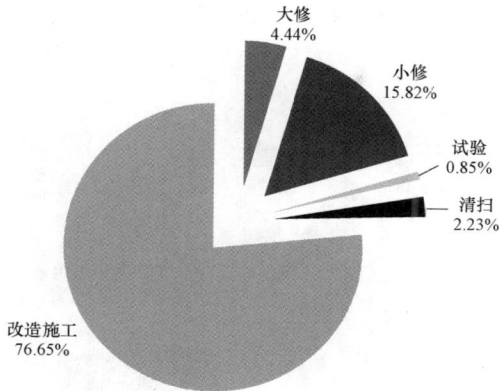

图 7-3　2010 年 110kV 配电网架空线路各类型计划停运小时数所占比例

66kV 架空线路的改造施工时间较长，占计划停运总时间的 76.65%，是影响可用系数的主要因素，其次是小修与大修时间，分别占计划停运总时间的 15.82% 和 4.44%。

综上所述，各电压等级电网架空线路的计划停运时间以改造施工为主，是影响可用系数的主要因素，其次是大修和小修停运时间。

（2）变压器。

1）220kV 变压器。220kV 变压器各种类型计划停运小时数所占的比例如图 7-4 所示。

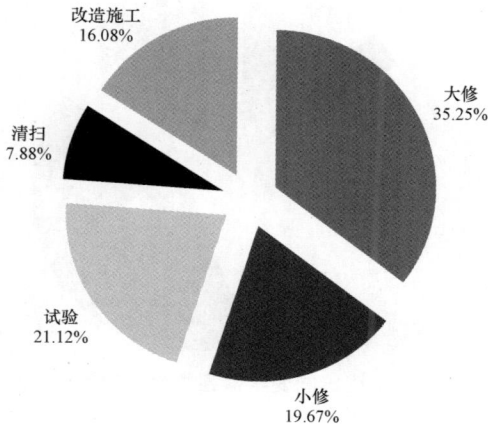

图 7-4　2010 年 220kV 配电网变压器各类型计划停运小时数所占比例

220kV 变压器的大修时间较长，占计划停运总时间的 35.25%，是影响可用系数的主要因素，其次是试验和小修时间，分别占计划停运总时间的 21.12%和 19.67%。

2）110kV 变压器。110kV 变压器各种类型计划停运小时数所占的比例如图 7-5 所示。

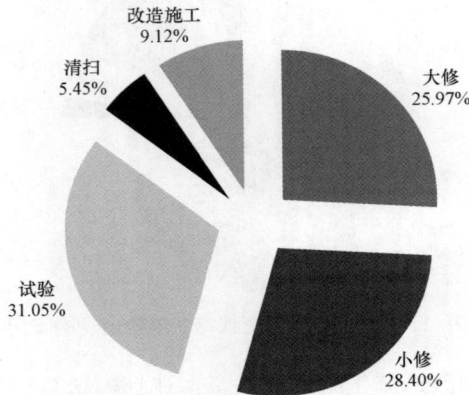

图 7-5　2010 年 110kV 配电网变压器各类型计划停运小时数所占比例

110kV 变压器的试验时间较长，占计划停运总时间的 31.05%，是影响可用系数的主要因素，其次是小修和大修时间，分别占计划停运总时间的 28.40%和 25.97%。

3）66kV 变压器。66kV 变压器各种类型计划停运小时数所占的比例如图 7-6 所示。

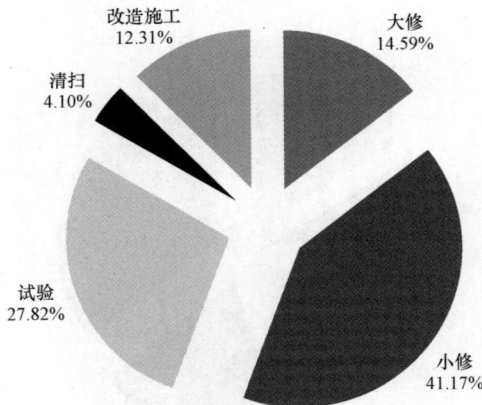

图 7-6　2010 年 66kV 配电网变压器各类型计划停运小时数所占比例

66kV 变压器的小修时间较长，占计划停运总时间的 41.17%，是影响可用系数的主要因素，其次是试验和大修时间，分别占计划停运总时间的 27.82% 和 14.59%。

综上所述，各电压等级电网的变压器计划停运时间集中在试验、大修和小修上。

（3）断路器。

1）220kV 断路器。220kV 断路器各种类型计划停运小时数所占的比例如图 7-7 所示。

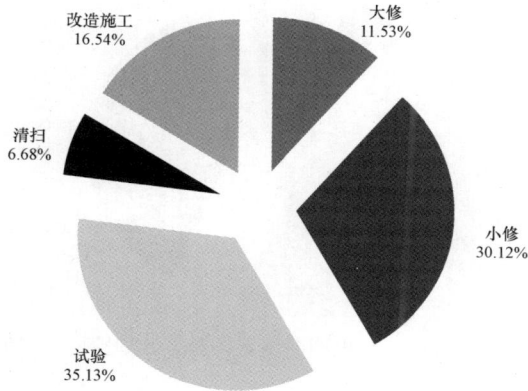

图 7-7　2010 年 220kV 配电网断路器各类型计划停运小时数所占比例

220kV 断路器的试验时间较长，占总计划停运时间的 35.13%，是影响计划停运的主要因素，其次是小修和改造施工的时间，分别占总计划停运时间的 30.12% 和 16.54%。

2）110kV 断路器。110kV 断路器各种类型计划停运小时数所占的比例如图 7-8 所示。

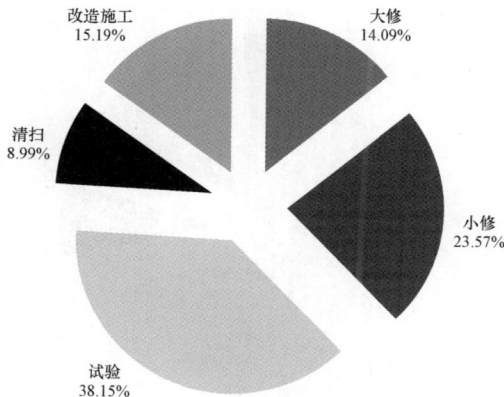

图 7-8　2010 年 110kV 配电网断路器各类型计划停运小时数所占比例

103

110kV 断路器的试验时间较长，占总计划停运时间的 38.15%，是影响计划停运的主要因素，其次是小修和改造施工的时间，分别占总计划停运时间的 23.57% 和 15.19%。

3）66kV 断路器。66kV 断路器各种类型计划停运小时数所占的比例如图 7-9 所示。

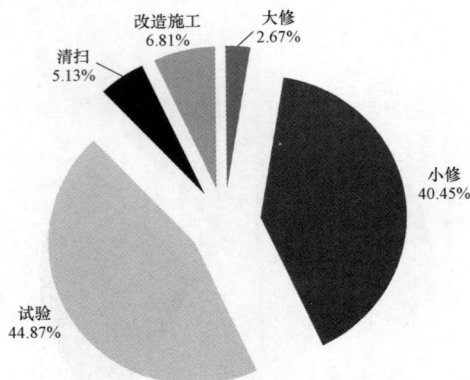

图 7-9 2010 年 66kV 配电网断路器各类型计划停运小时数所占比例

66kV 断路器的试验时间较长，占总计划停运时间的 44.87%，是影响计划停运的主要因素，其次是小修和改造施工的时间，分别占总计划停运时间的 40.45% 和 6.81%。

综上所述，各电压等级断路器的计划停运时间以试验为主，是影响计划停运的主要因素，其次是小修和改造施工的时间。

（4）母线。

1）220kV 母线。220kV 母线各种类型计划停运小时数所占的比例如图 7-10 所示。

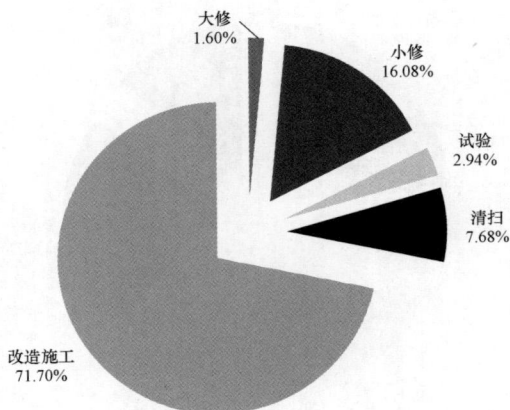

图 7-10 2010 年 220kV 配电网母线各类型计划停运小时数所占比例

　　220kV 母线的改造施工时间最长，占总计划停运小时的 71.70%，是影响计划停运的主要因素，其次是小修和清扫时间，分别占总计划停运小时的 16.08% 和 7.68%。

　　2）110kV 母线。110kV 母线各种类型计划停运小时数所占的比例如图 7-11 所示。

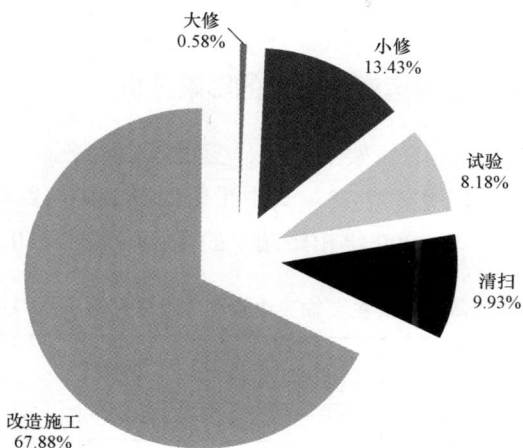

图 7-11　2010 年 110kV 配电网母线各类型计划停运小时数所占比例

　　110kV 母线的改造施工时间最长，占总计划停运小时的 67.88%，是影响计划停运的主要因素，其次是小修和清扫时间，分别占总计划停运小时的 13.43% 和 9.93%。

　　3）66kV 母线。66kV 母线各种类型计划停运小时数所占的比例如图 7-12 所示。

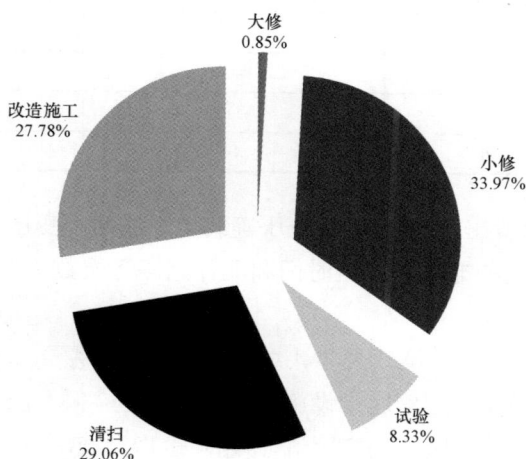

图 7-12　2010 年 66kV 配电网母线各类型计划停运小时数所占比例

66kV 母线的小修时间最长，占总计划停运小时的 33.97%，是影响计划停运的主要因素，其次是清扫和改造施工时间，分别占总计划停运小时的 29.06%和 27.78%。

综上所述，各电压等级母线的计划停运时间主要集中在改造施工、小修和清扫上。

7.2.2 电气设备非计划停运对可靠性的影响分析

2009～2010 年各电压等级架空线路、变压器、断路器、母线四类主要输变电设施的非计划停运情况见表 7-3。其中正值代表 2010 年与 2009 年相比增加的量，负值代表 2010 年与 2009 年相比减少的量，0 代表 2010 年与 2009 年相同。

表 7-3　　　各电压等级四类主要输变电设施非计划停运情况对比

设施类型	电压等级（kV）	非计划停运次数（次/百千米年、次/百台年）	非计划停运时间（h/百千米年、h/百台年）
架空线路	220	43	1.252
	110	−134	0.958
	66	100	0.386
变压器	220	−58	−0.292
	110	−101	−0.177
	66	0	0
断路器	220	−179	−0.17
	110	−151	−0.1
	66	1	−0.007
母线	220	−3	−0.069
	110	−13	−0.001
	66	0	0

从表 7-3 可以看出，2010 年各电压等级架空线路、变压器、断路器、母线四类主要输变电设施的非计划停运时间和非计划停运次数与 2009 年相比变化趋势不明显。

非计划停运包含四类，第一类非计划停运指设施必须立即从可用状态改变到不可用状态；第二类非计划停运指设施虽非立即停运，但不能延至 24h 以后停运者（从向调度申请开始计时）；第三类非计划停运指设施能延迟至 24h 以后停运；第四类非计划停运指对计划停运的各类设施，若不能如期恢复其可用状态，则超过预定计划时间的停运部分。

（1）架空线路。

1）220kV 架空线路。220kV 架空线路各种类型非计划停运小时数所占的比例如图 7－13 所示。

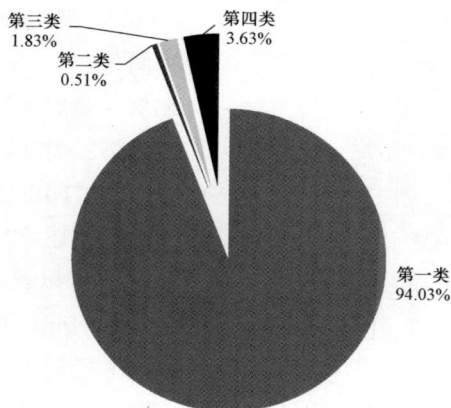

图 7－13　2010 年 220kV 架空线路各类型非计划停运小时数所占比例

220kV 架空线路的第一类非计划停运时间最长，占非计划停运总时间的95.03%，是影响可用系数的主要因素，其次是第四类非计划停运时间，占计划停运总时间的 3.63%。

2）110kV 架空线路。110kV 架空线路各种类型非计划停运小时数所占的比例如图 7－14 所示。

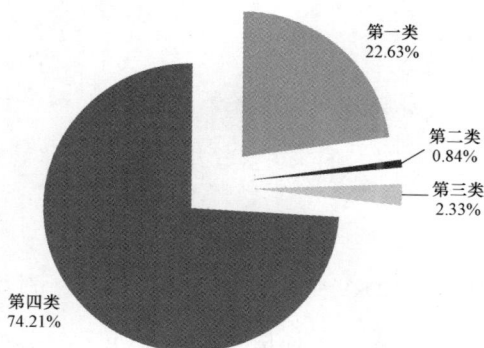

图 7－14　2010 年 110kV 架空线路各类型非计划停运小时数所占比例

110kV 架空线路的第四类非计划停运时间最长，占非计划停运总时间的74.21%，是影响可用系数的主要因素，其次是第一类非计划停运时间，占计划停

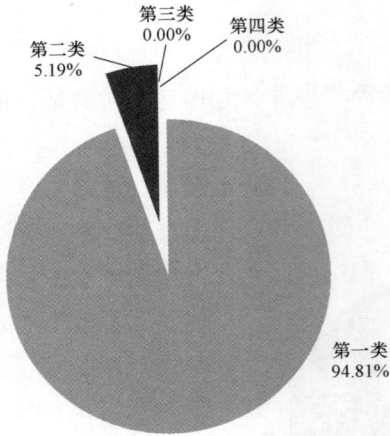

图 7-15　2010 年 66kV 架空线路各类型
非计划停运小时数所占比例

运总时间的 22.63%。

3）66kV 架空线路。66kV 架空线路各种类型非计划停运小时数所占的比例如图 7-15 所示。

66kV 架空线路的第一类非计划停运时间最长，占非计划停运总时间的 94.81%，是影响可用系数的主要因素，其次是第二类非计划停运时间，占非计划停运总时间的 5.19%。

综上所述，220、66kV 架空线路的非计划停运以第一类为主，而 110kV 架空线路的非计划停运以第四类为主。

（2）变压器。

1）220kV 变压器。220kV 变压器各种类型非计划停运小时数所占的比例如图 7-16 所示。

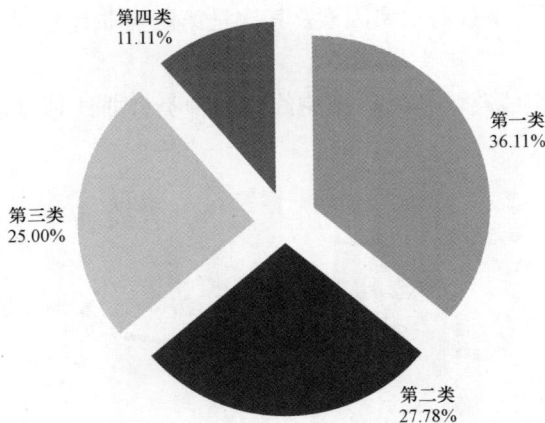

图 7-16　2010 年 220kV 变压器各类型非计划停运小时数所占比例

220kV 变压器的第一类非计划停运时间最长，占非计划停运总时间的 36.11%，是影响可用系数的主要因素，其次是第二类非计划停运时间，占非计划停运总时间的 27.78%。

2）110kV 变压器。110kV 变压器各种类型非计划停运小时数所占的比例如

图 7-17 所示。

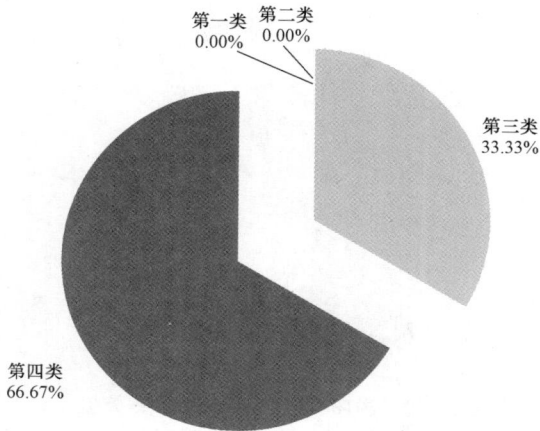

图 7-17　2010 年 110kV 变压器各类型
非计划停运小时数所占比例

110kV 变压器的第四类非计划停运时间最长，占非计划停运总时间的66.67%，是影响可用系数的主要因素，其次是第二类非计划停运时间，占非计划停运总时间的 33.33%。

综上所述，220kV 变压器的非计划停运时间以第一类为主，而 110kV 变压器以第四类为主。

（3）断路器。

1）220kV 断路器。220kV 断路器各种类型非计划停运小时数所占的比例如图 7-18 所示。

220kV 断路器的第二类非计划停运时间最长，占非计划停运总时间的67.50%，是影响可用系数的主要因素，其次是第四类非计划停运时间，占非计划停运总时间的 15.00%。

2）110kV 断路器。110（66）kV断路器各种类型非计划停运小时数所占的比例如图 7-19 所示。

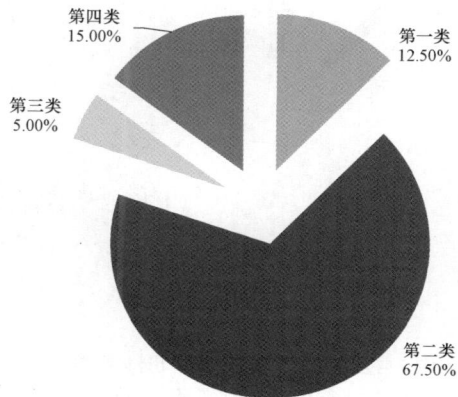

图 7-18　2010 年 220kV 断路器各类型
非计划停运小时数所占比例

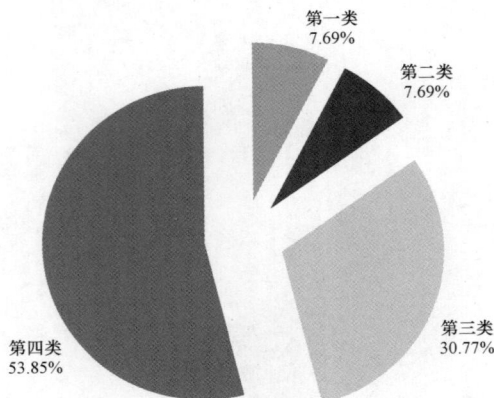

图 7-19 2010 年 110kV 断路器各类型非
计划停运小时数所占比例

110（66）kV 断路器的第四类非计划停运时间最长，占非计划停运总时间的
53.85%，是影响可用系数的主要因素，其次是第三类非计划停运时间，占非计划
停运总时间的 30.77%。

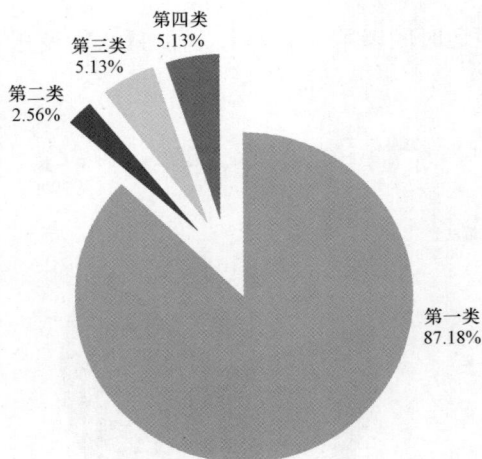

图 7-20 2010 年 220kV 母线各类型
非计划停运小时数所占比例

综上所述，220、110（66）kV 断路器的非计划停运时间分别以第二类、第四类为主。

（4）母线。

1）220kV 母线。220kV 母线各种类型非计划停运小时数所占的比例如图 7-20 所示。

220kV 母线的第一类非计划停运时间最长，占非计划停运总时间的 87.18%，是影响可用系数的主要因素，其次是第三类、第四类非计划停运时间，均占非计划停运总时间的 5.13%。

2）110kV 母线。110kV 母线各种类型非计划停运小时数所占的比例如

图 7-21 所示。

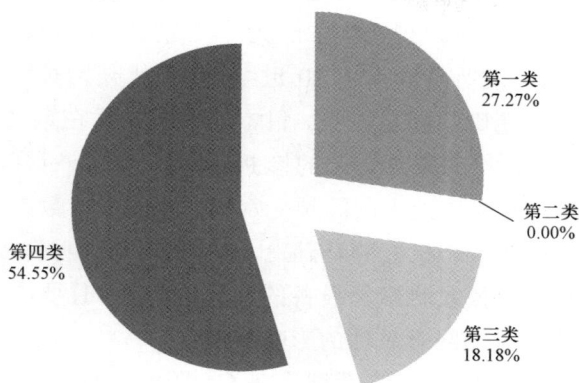

图 7-21　2010 年 110kV 母线各类型非计划停运小时数所占比例

110kV 母线的第四类非计划停运时间最长，占非计划停运总时间的 54.55%，是影响可用系数的主要因素，其次是第一类非计划停运时间，占非计划停运总时间的 27.27%。

综上所述，110、220kV 母线的非计划停运时间分别以第一类和第四类为主。

7.3　状态检修及其应用现状

设备检修是电力公司的主要工作之一，包括设备的定期现场评估、检修与更换。我国电力企业长期以来采用计划检修的方式，其一般是按照固定的维修周期对设备进行大修或小修，出现明显征兆和故障时进行针对性维修。计划检修在保证系统安全可靠供电等方面起到了很好的作用，但随着系统越来越复杂，单纯的计划检修难以兼顾每种设备的特性，出现了检修过剩或检修不足的情况，检修过剩会增加维修成本，而维修不足则会留下隐患，危及电网安全。

近年来，状态检修（Condition Based Maintenance，CBM）被引入到我国电力企业的维修管理中。状态检修是一种在设备状态评价的基础上，根据设备状态和分析诊断结果安排检修时间和项目，并主动实施的检修方式。状态检修通过获取分析设备状态信息，改变了以往单纯以时间周期为依据的设备检修制度，可以减少检修的盲目性，在降低运行维护费用的同时，能够保障电网的安全可靠供电。

（1）国外电力设备状态检修开展情况。国外的设备状态检修发展较早。20世纪70年代末，美国电科院就对电力设备的状态检修开展研究，80年代中期进入实用性阶段，目前已向可靠性为中心的维修（Reliability Centered Maintenance，RCM）发展。日本从20世纪80年代开始对电力设备实施以状态分析和在线监测为基础的状态检修。日本的诊断技术在钢铁、化工、铁路等领域发展较快。日本在努力发展自己的诊断技术的同时，特别注重分析诊断仪器的开发研制，其研制成果处于国际领先水平。欧洲大多数国家也在进行检修体制的改革，近年来在状态检修的基础上，提出RCM，明确必须兼顾两方面，不仅要通过各种检测手段及时掌握设备的真实情况，而且要考虑该设备在系统中的重要性及其故障对电网可靠性的影响程度。

应用成效方面，美国电科院在费城建立了预防性诊断、监测和维修中心，并在埃迪斯通电厂进行了试验。使用该方法后，该厂的机组大修周期从原来的3～5年延长到6～8年；小修周期从原来的12个月，提高到18个月左右，从而使机组的可用率大幅度提高，检修费用大幅度下降。现在美国许多电厂都已推广采用了这一新的维修方式。

（2）国内电力设备状态检修开展情况。国家电网公司从2007年开始试点输变电设备状态检修，如今已经覆盖到全国大多数网省公司及所属地市供电公司（超高压公司），输电线路、主变压器及断路器三类主设备的状态检修已全面实施，状态检修工作逐步进入全面深化阶段，形成了以状态检修技术标准、管理标准和工作标准为基础，以设备运行状态管理为核心，以专家队伍、检测装备和信息化平台为保障的状态检修工作体系。在状态检修试点应用较好的浙江省电力公司、河北省电力公司，通过立足于加强设备基础资料分析及对设备失效性模型的长期跟踪研究，积极采用在线监测等新兴技术，状态检修工作取得了非常显著的成效。

近几年的应用实践表明，实施状态检修后，设备检修的针对性和有效性普遍提高。通过以设备状态评价为基础，结合电网发展和技术进步，科学制订检修计划，有效减少了设备过修（试）、停电次数和时间，检修维护工作量明显下降，特别是变压器和断路器解体性大修大幅减少，电网安全可靠性明显提高。66kV及以上输变电设备大修次数和工作量均大幅减少。与此同时，实施状态检修后，输变电设备的运行指标也得到明显改善。66kV及以上变压器、断路器和输电线路的计划停运率和非计划停运率均有效降低。以设备状态检修管理为核心的生产精益化管理，显著提升了电网公司的生产效率和效益。

（3）状态检修的优点及难点。状态检修是当今世界设备检修的主流方式，是工业现代化的必然趋势，具有广阔的前景和未来。美国电科院和工业设备维护公司的统计数据表明：在电力系统实施状态检修，设备可用率可以提高 2%～10%，检修费用节约 25%～30%，设备寿命延长 10%～15%，可见开展状态检修将为电力企业带来巨大的经济效益和社会效益，是设备检修的必然发展方向。

研究及实践证明，实行状态检修有以下优点：

（1）合理安排生产和检修，做到该修必修，从而节约大量的人力物力，减少停电检修时间，使现有的运行设备创造更大的安全和经济效益；可提高供电企业的经济效益，减少计划检修模式下人力、物力、财力的浪费，减轻检修人员的劳动强度，达到减人增效的目的。

（2）减少设备停电试验和维修的盲目性，减少设备因检修而引发故障的可能性，延长设备运行寿命，使设备维护更加科学。

（3）减少停电时间和开关操作量，提高电力系统供电可靠性、经济性和安全性。

（4）及时发现设备运行中的发展性绝缘缺陷，防止突发性绝缘事故发生，降低设备事故率。

（5）高电压设备实施状态检修，可推动新材料、新技术在电网的应用力度，提高电网的自动化水平，增大科技含量，树立一流供电企业的良好形象。

目前，国内电力企业状态检修工作虽在积极推进，但难点与不足仍有很多：

（1）状态检修技术管理工作的复杂性。应用中过分依赖在线监测技术，缺乏对状态检修总体策略的研究，而状态检修对于技术管理的要求较高，管理工作的水平对状态检修的最终成效影响较大。

（2）缺乏对于设备健康状况及其发展的评估方法，对设备的健康评估仍局限在原有预防性试验的基础上。

（3）在线监测技术手段的不完善，在一定程度上也阻碍了状态检修的发展。

状态检修的技术优势日渐显现，随着设备停运时间减少以及维修周期的拉长，设备可靠性得到有效提高，然而状态检修技术的优势最终需要通过设备对电网的贡献水平来体现，以下将深入分析状态检修对电网可靠性和经济性的影响。

7.4 不同网架结构下状态检修对电网可靠性的影响

在电网发展不同阶段，由于电网网架结构的不同，状态检修对电网可靠性的影响也不尽相同，以下将以电网发展阶段中几种典型的网架结构来研究状态检修对电网可靠性的影响。

7.4.1 可靠性评估模型

可靠性评估（Reliability Evaluation of Electric System）是指对电力系统设施或网架结构的静态或动态性能，或各种性能改进措施的效果是否满足规定的可靠性准则进行分析、预计和认定的系列工作。工作包含基于系统偶发故障的概率分布及其后果分析，对系统持续供电能力进行快速和准确的评价，找出影响系统可靠性水平的薄弱环节以寻求改善可靠性水平的措施，为电力系统规划和运行提供决策支持。

针对 6 种 110kV 电网典型网架结构，采用状态检修前后的电网平均供电可靠率（Average Service Availability Index，ASAI），分析状态检修对电网可靠性的影响。所选 6 种网架结构分别为单辐射、双辐射、双链（不完全双 T）、单链（T 接）、双链（T 接）、三链（T 接）。

7.4.1.1 基本原理

（1）串联系统分析。如果系统中任一元件失效，即构成系统失效，这种系统称为串联系统。以两个元件串联系统为例，其逻辑框图如图 7-22 所示，其中 A 表示元件的可用系数。

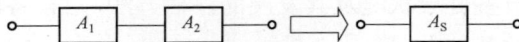

图 7-22 串联系统逻辑框图

根据概率计算规则可得：

$$A_S = A_1 \times A_2 \qquad (7-1)$$

（2）并联系统分析。如果系统运行只需要一个元件工作，或者说系统只有在全部元件都故障的情况下才失效，则这种系统称为并联系统。以两个元件并联系统为例，其逻辑框图如图 7-23 所示。

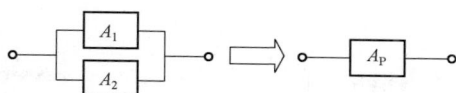

图 7−23　并联系统逻辑框图

根据概率计算规则可得：

$$A_P = 1 - (1 - A_1) \times (1 - A_2) \tag{7-2}$$

（3）串并联混合系统分析。以图 7−24 所示的电网系统为例，分析串并联混合系统的可靠性。

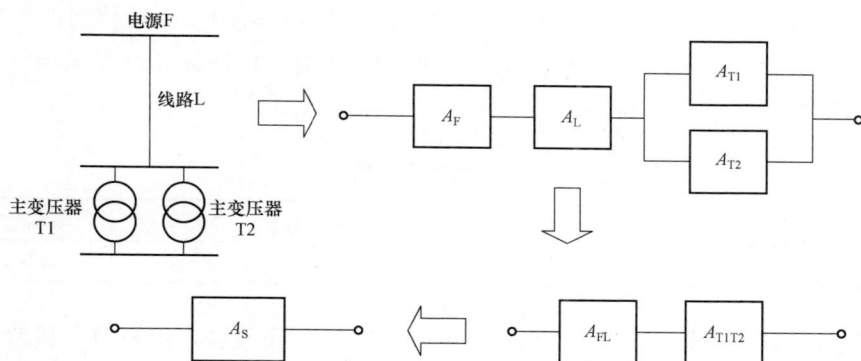

图 7−24　串并联混合系统等效分析

根据图 7−24 所示的等效分析，可以求得系统的等效可用系数：

$$A_{FL} = A_F \times A_L \tag{7-3}$$

$$A_{T1T2} = 1 - (1 - A_{T1}) \times (1 - A_{T2}) \tag{7-4}$$

$$A_S = A_{FL} \times A_{T1T2} \tag{7-5}$$

7.4.1.2　边界条件及参数设定

在实际电网中，系统可靠性受到变压器、线路、断路器、隔离开关等多种设备可靠性的影响，由于本书仅分析线路与变压器两种设备，因此考虑将其他设备（主要为断路器与隔离开关）的可靠性等效纳入线路与变压器的可靠性中。令架空线路的等效可用系数为 A_L（假定线路长度均相同），变压器的等效可用系数为 A_T，电源点单段母线的等效可用系数为 A_S。

设备可用系数计算如下：

$$A = \frac{8760 - T_{PO} - T_{UO}}{8760} \times 100\% \tag{7-6}$$

115

式中　T_{PO} ——设备计划停运时间；

　　　T_{UO} ——设备非计划停运时间。

采用状态检修后设备计划停运时间减少，故障率降低，设备可用系数明显提高。我们假定采用状态检修后架空线路与变压器的可用系数分别提高 α_L、α_T（%）。

考虑同一变电站内母线、变压器以及同一走廊线路比不同变电站母线、变压器与不同走廊线路同时故障的概率更大，引入同时故障系数 k_S、k_L、k_T，用于表示邻近母线、线路、变压器同时故障概率较大的特性。

参考我国输变电设备可靠性统计数据作为设备在采用状态检修前的可靠性参数，主要设备的可用系数见表 7-4。根据表中数据可以计算得到线路、变压器及母线的等效可用系数。

表 7-4　　　　　　　　　　　输变电设备参考可用系数

设备类型	架空线路	变压器	母线	断路器	隔离开关
可用系数（%）	99.179	99.646	99.988	99.856	99.946

参考目前电力公司状态检修技术的应用经验，确定设备可用系数在状态检修前后的提高率，同时根据相关经验参数确定设备的同时故障系数。各可靠性计算参数设定见表 7-5。

表 7-5　　　　　　　　　　　可靠性计算参数设定

设备类型	电压等级（kV）	等效可用系数（%）	可用系数提高率（%）	同时故障系数
架空线路	110	98.89	0.2	1.5
变压器	110	99.14	0.3	1.1
母线	220	99.59	—	1.3

7.4.1.3　评估方法

采用基本串并联系统可靠性方法计算六种网架结构的电网平均供电可靠率（*ASAI*）的步骤如下。

（1）电网初期典型结构。由于受到投资水平及负荷发展水平的影响，110kV 电网在建设初期多数为单侧电源，为此选取单辐射与双辐射两种典型结构。

1）单辐射。单辐射电网结构如图 7-25 所示。

单辐射电网结构为简单的串联系统，电网平均供电可靠率计算如下：

116

$$ASAI = A_S \, A_L \, A_T \tag{7-7}$$

2）双辐射。双辐射电网结构如图 7-26 所示。

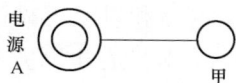

图 7-25　单辐射电网结构

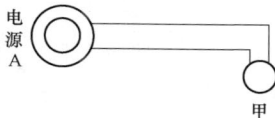

图 7-26　双辐射电网结构

双辐射电网结构为串并联混合系统，同时考虑同一变电站内母线、变压器以及同一走廊线路的同时故障系数 k_S、k_L、k_T，电网平均供电可靠率计算如下：

$$ASAI = [1 - k_S (1 - A_S)^2][1 - k_L (1 - A_L)^2] [1 - k_T (1 - A_T)^2] \tag{7-8}$$

（2）电网过渡期典型结构。电网在过渡期逐步发展至链式结构，但由于受到负荷水平及建设阶段的影响，网架结构的完善程度仍然有限，为此选取双链（不完全双 T）与单链（T 接）两种典型结构。

1）双链（不完全双 T）。双链（不完全双 T）电网结构如图 7-27 所示。

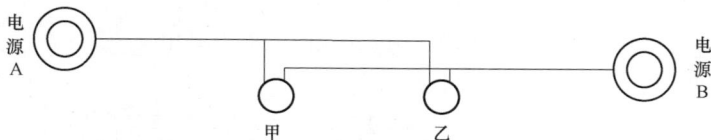

图 7-27　双链（不完全双 T）电网结构

双链（不完全双 T）电网结构为串并联混合系统，同时考虑同一变电站内变压器以及同一走廊线路的同时故障系数 k_T、k_L，电网平均供电可靠率计算如下：

$$ASAI = [1 - (1 - A_S)^2][1 - k_L (1 - A_L)^2] [1 - k_T (1 - A_T)^2] \tag{7-9}$$

2）单链（T 接）。单链（T 接）电网结构如图 7-28 所示。

图 7-28　单链（T 接）电网结构

单链（T 接）电网结构为串并联混合系统，考虑同一变电站内变压器的同时故障系数 k_T，电网平均供电可靠率计算如下：

$$ASAI = [1 - (1 - A_S)^2][1 - (1 - A_L)^2][1 - k_T(1 - A_T)^2] \qquad (7-10)$$

（3）电网完善期典型结构。随着系统负荷水平的饱和以及可靠性水平的提高，电网网架结构逐步趋于完善合理，电网裕度较大，为此在电网完善期选取双链（T 接）与三链（T 接）两种典型结构。

1）双链（T 接）。双链（T 接）电网结构如图 7-29 所示。

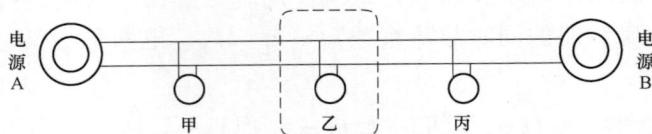

图 7-29　双链（T 接）电网结构

双链（T 接）电网结构为串并联混合系统，同时考虑同一变电站内母线、变压器以及同一走廊线路的同时故障系数 k_S、k_T、k_L，电网平均供电可靠率计算如下：

$$ASAI = [1 - k_S^2(1 - A_S)^4][1 - k_L^2(1 - A_L)^4][1 - k_T(1 - A_T)^2] \qquad (7-11)$$

2）三链（T 接）。三链（T 接）电网结构如图 7-30 所示。

图 7-30　三链（T 接）电网结构

三链（T 接）电网结构为串并联混合系统，同时考虑同一变电站内母线、变压器以及同一走廊线路的同时故障系数 k_S、k_T、k_L，电网平均供电可靠率计算如下：

$$ASAI = [1 - k_S^2(1 - A_S)^6][1 - k_L^2(1 - A_L)^6][1 - k_T(1 - A_T)^3] \qquad (7-12)$$

7.4.2　可靠性评估分析

6 种网架结构在采用状态检修前后的电网平均供电可靠率（ASAI）结果见表 7-6 和图 7-31。

表7-6 不同网架结构采用状态检修前后的供电可靠性对比

网架结构	电网平均供电可靠率（ASAI）		可用系数提高率
	状态检修前	状态检修后	
单辐射	97.638%	98.126%	0.501%
双辐射	99.971%	99.982%	0.011%
双链（不完全双T）	99.972%	99.982%	0.011%
单链（T接）	99.978%	99.987%	0.009%
双链（T接）	99.992%	99.997%	0.005%
三链（T接）	99.999 93%	99.999 98%	0.000 1%

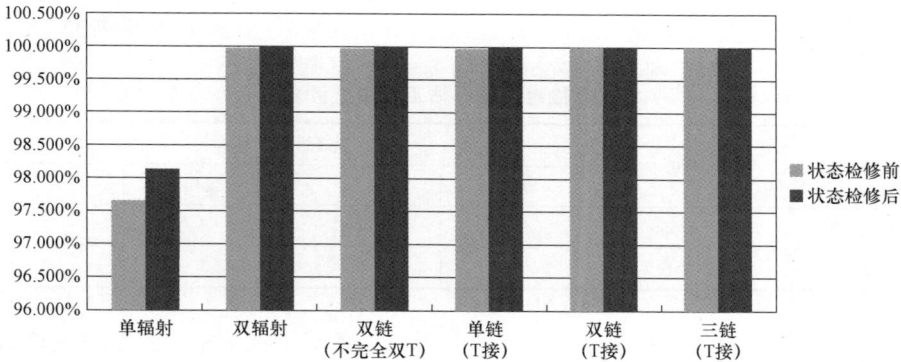

图7-31 不同网架结构采用状态检修前后的供电可靠性对比图

从计算结果可以看出，采用状态检修对于单辐射结构的可靠性改善最为明显（供电可靠率由97.638%提高至98.126%），随着网架结构的完善，采用状态检修对系统可靠性的改善在逐渐降低；对于三链（T接）结构，采用状态检修后系统供电可靠率几乎没有变化。

可见，在网架结构薄弱的电网建设初期及过渡期，状态检修可以明显改善电网可靠性，而对于完善期电网，状态检修对电网可靠性的直接改善作用则相对有限。

7.5 不同网架结构下状态检修对电网经济性的影响

电网发展过程中，通过新建线路或变压器来改善网架结构是提高电网可靠性的通用方式，下面将在上述模型基础上，进一步分析采用状态检修与改善网架结构两种方式对电网经济性的不同影响。

7.5.1 经济性评估模型

（1）边界条件及参数设定。在对不同网架结构模型进行经济性评估时，仅考虑 110kV 变电站与线路的投资及运行费用，状态检修的成本纳入设备运行费用，不考虑上级电源及其他设备的投资运行费用。设备年运行费用包括设备的电能损耗费用及检修维护费，按照设备建设费用的 1.5%取值。

电网参数方面，假定 110kV 变电站主变压器容量均为 50MVA，110kV 单条线路长度为 10km（不同线路长度取为相同），变电站负载率取为 50%。

经济参数方面，假定设备经济使用年限取为 25 年，电网企业投资回收率取为 10%，单位电价为 0.5 元/kWh，单位电量的经济效益为 10 元/kWh。

根据目前输变电设备状态评估工作量统计，可以得到表 7−7 的数据。

表 7−7　　　　　　　　状态检修设备评估工作量统计表

设备类型	单位	设备评估工作量			
		班组	工区	公司	合计
架空线路	（人・h/km）	2	1	1	4
变压器	（人・h/台）	4	2	1	7

取人工费用为 0.003 万元/（人・h），考虑设备状态评估费用是状态检修成本的主要部分，故取架空线路状态检修年费用为 0.012 万元/km，变压器状态检修年费用为 0.021 万元/台。此外，根据状态检修应用经验，输变电设备在实施状态检修后检修成本有所下降，因此，状态检修前后的设备年运行费用也有所区别。各电网经济参数设定见表 7−8。

表 7−8　　　　　　　　　电 网 经 济 参 数 设 定

设备类型	单位	建设费用	年运行费用（状态检修前）	年运行费用（状态检修后）	年状态检修费用
架空线路	万元/km	90	1.35	1.33	0.012
变压器	万元/台	2500	37.5	37.13	0.021

（2）评估方法。在进行经济性评估时一般采用动态经济评估的方法。由于货币的经济价值随时间而变，费用的支付时间不同，其发挥的效益也不同，为此本书采用现值转年值的方法进行经济性比较。此外，由于不同网架结构模型对应的系统总负荷量不同，为使不同网架结构间具有可比性，故采用单位负荷年费用作

为经济性评估比较的指标。

电网企业供电总成本（费用）包括电网建设运行费用与停电损失费用两部分，这两部分费用是内在矛盾的两个因素，电网建设运行费用越高，网架越坚强，设备状态越健康，则停电损失费用会大大降低；反之电网建设运行费用越低，则停电损失费用会随之升高。电网建设与运行决策的目标可以用下式表示：

$$\min C = C_M + C_S \tag{7-13}$$

式中　C——电网供电总成本；

$\quad$ C_M——电网建设运行费用；

$\quad$ C_S——电网停电损失费用。

根据现值转年值方法，电网建设运行年费用计算如下：

$$C_M = U_E \left[\frac{r(1+r)^n}{(1+r)^n - 1} \right] + U_S + U_C \tag{7-14}$$

式中　U_E——电网设备投资总费用；

$\quad$ U_S——电网年运行费用（不含状态检修）；

$\quad$ U_C——状态检修年费用；

$\quad$ n——电网设备经济使用年限；

$\quad$ r——电网企业投资回收率。

电网停电损失费用在仅考虑售电效益时为停电导致的售电损失，在考虑社会效益时，按照单位电量产生的 GDP 来计算。电网停电损失费用计算如下：

$$C_S = 8760P(1 - ASAI)k_{Price} \quad \text{（仅考虑售电效益）} \tag{7-15}$$

$$C_S = 8760P(1 - ASAI)(k_{Price} + k_{GDP}) \quad \text{（考虑售电效益与社会效益）} \tag{7-16}$$

式中　P——电网负荷，kW；

$\quad$ $ASAI$——电网平均供电可靠率；

$\quad$ k_{Price}——单位电价，元/kWh；

$\quad$ k_{GDP}——单位电量的经济效益，元/kWh。

根据以上算法，可以得到单位负荷年供电总成本（停电损失仅考虑售电效益）：

$$C_{\text{P}} = \frac{C_{\text{M}} + C_{\text{S}}}{P} = \frac{U_{\text{E}}\left[\dfrac{r(1+r)^n}{(1+r)^n - 1}\right] + U_{\text{S}} + U_{\text{C}}}{P} + 8760(1 - ASAI)k_{\text{Price}}$$

$$(7-17)$$

式中　C_{P}——单位负荷年供电总成本；

　　　P——电网负荷。

7.5.2　经济性评估分析

下面计算六种网架结构在状态检修前后的单位负荷年供电总成本，分仅考虑售电效益、考虑售电效益与社会效益两种情况，计算结果分别见表7-9、表7-10。

表7-9　不同网架结构采用状态检修前后的经济性对比（仅考虑售电效益）

网架结构	状态检修前（元/kW）			状态检修后（元/kW）			供电成本变化		
	建设运行费用	停电损失费用	总成本	建设运行费用	停电损失费用	总成本	建设运行费用	停电损失费用	总成本
单辐射	170.2	103.5	273.7	170.1	82.1	252.1	−0.10%	−20.69%	−7.88%
双辐射	170.2	1.3	171.5	170.1	0.8	170.9	−0.10%	−36.99%	−0.37%
双链（不完全双T）	170.2	1.2	171.5	170.1	0.8	170.8	−0.10%	−37.65%	−0.37%
单链（T接）	192.8	1.0	193.7	192.6	0.6	193.2	−0.10%	−39.09%	−0.29%
双链（T接）	185.2	0.4	185.6	185.1	0.2	185.2	−0.10%	−57.21%	−0.21%
三链（T接）	185.2	0.0	185.3	185.1	0.0	185.1	−0.10%	−72.01%	−0.10%

表7-10　　　　　不同网架结构采用状态检修前后的经济性对比
（考虑售电效益与社会效益）

网架结构	状态检修前（元/kW）			状态检修后（元/kW）			供电成本变化		
	建设运行费用	停电损失费用	总成本	建设运行费用	停电损失费用	总成本	建设运行费用	停电损失费用	总成本
单辐射	170.2	2173.0	2343.2	170.1	1723.4	1893.4	−0.10%	−20.69%	−19.19%
双辐射	170.2	26.5	196.7	170.1	16.7	186.7	−0.10%	−36.99%	−5.07%
双链（不完全双T）	170.2	26.0	196.3	170.1	16.2	186.3	−0.10%	−37.65%	−5.08%
单链（T接）	192.8	20.4	213.1	192.6	12.4	205.0	−0.10%	−39.09%	−3.82%
双链（T接）	185.2	7.5	192.7	185.1	3.2	188.3	−0.10%	−57.21%	−2.32%
三链（T接）	185.2	0.1	185.3	185.1	0.0	185.1	−0.10%	−72.01%	−0.12%

（1）状态检修对电网经济性的影响。不同网架结构采用状态检修前后的单位负荷供电总成本对比如图 7-32 所示。

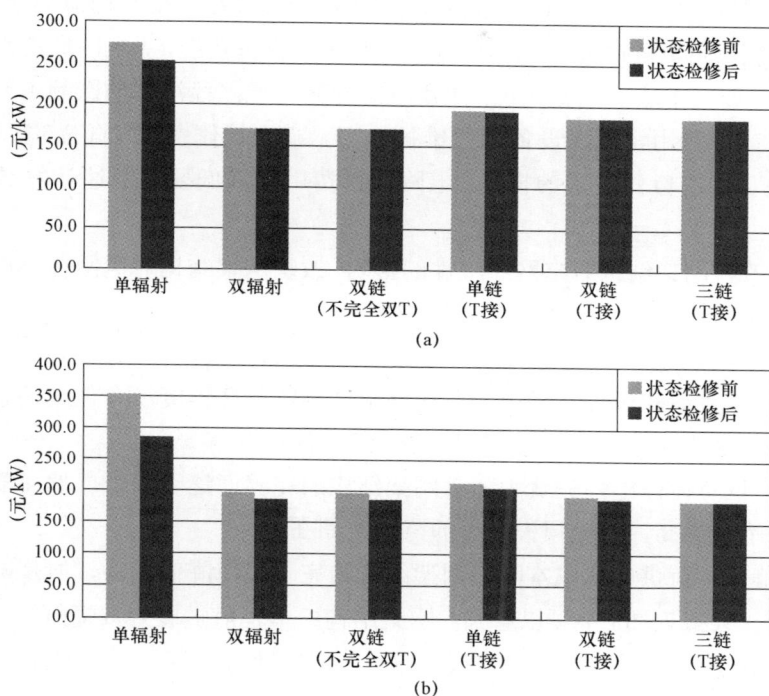

图 7-32　不同网架结构采用状态检修前后的单位负荷供电总成本对比图
(a) 不同网架结构采用状态检修前后的单位负荷供电总成本对比图
（仅考虑售电效益）；
(b) 不同网架结构采用状态检修前后的单位负荷供电总成本对比图
（考虑售电效益与社会效益）

从表 7-9、表 7-10 的计算结果及图 7-32 可以看出：

1）采用状态检修后，建设运行费用与停电损失费用均有所降低，由于采用状态检修可以有效减少设备维修次数，因此维修费用得到降低，而系统供电可靠性提高使停电损失费用得到明显降低。

2）对于供电可靠性较低的几种网架结构，采用状态检修后系统单位负荷供电总成本有显著降低，经济性较好；然而对于系统可靠性较高的几种网架结构，采用状态检修后系统供电总成本降低幅度有限，经济性较差，这主要是因为随着系统可靠性的提高，系统可靠性的提升空间减小，停电损失费用在供电总成本中的比例急剧下降，因此出现供电总成本降低不明显的情况。

3）不同网架结构采用状态检修存在经济性差异，在网架结构薄弱的情况下，采用状态检修可以同时降低电网运行费用与停电损失费用，对电网经济性的改善贡献较大；而对于成熟网架来说，采用状态检修对电网经济性的影响主要体现在降低电网运行费用，提高设备运行维护水平，减少检修费用（随着电网管理的精益化以及状态检修技术的提高，电网运行费用的降低要比上述计算结果更为明显）。

（2）改善网架结构对电网经济性的影响。改善网架结构对电网经济性的影响如图7-33所示。

从图7-33可以看出：

1）单位负荷建设运行费用与系统网架结构的复杂程度没有直接关系，单链（T接）网架结构对应的单位负荷建设运行费用最高。

2）单位负荷停电损失费用随着网架结构的完善而逐步降低，然而随着可靠性水平的不断提高，停电损失费用的降低空间在缩减。

3）单位负荷供电总成本随着网架结构的完善呈现降低趋势，但是降低幅度逐步缩减。从图7-33中可以看到，网架结构由单辐射扩展为双辐射时，单位负荷供电总成本有明显降低，但是在之后的几种复杂网架结构中，供电总成本维持在一个较稳定的水平。

4）在电网建设初期，单位负荷供电总成本随着网架结构的完善而逐步降低，随着电网逐步进入完善期，单位负荷供电总成本会趋于一个稳定的水平，电网供电总成本将主要由负荷量决定。

（3）采用状态检修与改善网架结构的对比。为便于比较采用状态检修与改善网架结构两种方式对电网经济性的不同影响，分别在电网负荷为30、100、200MW三种情况下进行对比。

在负荷为30MW时，电网网架结构选定单辐射与双辐射两种方式；在负荷为100MW时，电网网架结构选定双链（不完全双T）与单链（T接）两种方式；在负荷为200MW时，电网网架结构选定双链（T接）与三链（T接）两种方式。

对以上不同情况进行经济性评估计算，结果见表7-11。

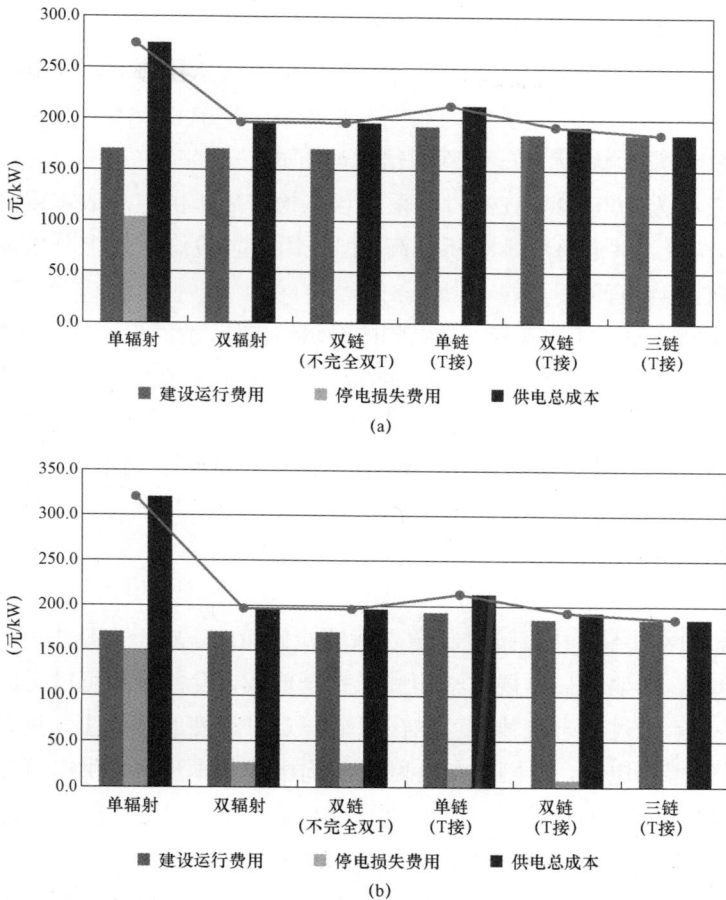

图 7-33　不同网架结构的单位负荷供电总成本对比图（考虑售电效益与社会效益）

(a) 不同网架结构的单位负荷供电总成本对比图（仅考虑售电效益）；

(b) 不同网架结构的单位负荷供电总成本对比图（考虑售电效益与社会效益）

表 7-11　　采用状态检修与改善网架结构对电网经济性的影响对比

（仅考虑售电效益）

负荷水平 （MW）	网架结构	状态检修前（元/kW）			状态检修后（元/kW）		
		建设运行费用	停电损失费用	总成本	建设运行费用	停电损失费用	总成本
30	单辐射	141.9	103.5	245.3	141.7	82.1	223.8
	双辐射	283.7	1.3	285.0	283.4	0.8	284.2
100	双链（不完全双 T）	170.2	1.2	171.5	170.1	0.8	170.8
	单链（T 接）	192.8	1.0	193.7	192.6	0.6	193.2
200	双链（T 接）	138.9	0.4	139.3	138.8	0.2	139.0
	三链（T 接）	208.4	0.0	208.4	208.2	0.0	208.2

从表 7－11 的计算结果可以看出：

1）在负荷为 30MW 时，对于单辐射结构采用状态检修后，供电总成本得到降低，而改善网架结构将之扩展为双辐射结构后，供电总成本升高，可见从经济性上讲，采用状态检修优于改善网架结构的方式。

2）在负荷为 100、200MW 时，采用状态检修后，供电总成本得到降低，而改善网架结构后，供电总成本有所升高。但采用状态检修后供电总成本降低幅度很小，经济性相对有限。

3）采用状态检修相比改善网架结构的经济性更佳，然而从提升可靠性（减少停电损失费用）的角度看，改善网架结构的效果更为明显。在电网建设初期，采用状态检修来保证一定的系统可靠性是一种较为经济的方式，而当电网进入过渡期甚至完善期时，两种方式的选择就需要结合系统可靠性的要求等其他因素来综合考虑。

7.6 小结

应结合电网的不同建设阶段制定合适的检修策略，对于初期电网，电网尚处于不完善阶段，网架的最终规划结构尚未完全形成，设备检修可以考虑大量引入状态检修手段，通过状态检修，可以在保证一定可靠性的基础上，具有更好的经济性；对于完善期电网，电网的最终网架结构已经基本形成，供电可靠性已经达到相对较高的水平，对于供电可靠性要求高的系统，可以配合以状态检修手段，保证电网具有更高的可靠性水平，具体建议如下：

（1）在对可靠性要求较低的电网建设初期（或 D 类供电区域），可以通过采用状态检修技术来提高电网可靠性，以较低的投资成本获取可观的经济效益，同时避免了电网的过度建设浪费。

（2）电网发展到一定阶段，会对可靠性提出新的要求，此时需要通过改善网络结构的方式来保障电网可靠性，其投资效益需要从中长期角度来评价。

（3）电网发展到成熟阶段，可靠性提高的空间受到限制，此时状态检修技术低成本高效益的优势再次体现，可以通过深入应用状态检修技术，提升设备管理水平等方式进一步提高电网可靠性与经济性。

（4）无论电网处于哪种发展阶段，采用状态检修均能够有效降低电网的运行费用，提高设备运行维护水平，减少检修费用。随着状态检修技术的不断应用与完善，状态检修技术的应用成本会逐步降低，而应用成效则会不断提高，这种趋势将会进一步加深状态检修对电网可靠性和经济性的影响。

附 录　用 语 说 明

1. 可靠性

电力系统可靠性的定义为：电力系统按可接受的质量标准和所需数量不间断地向电力用户提供电力和电量能力的量度，电力系统的可靠性包括充裕性和安全性两部分。

电力系统的充裕性和安全性分别定义为：

（1）电力系统的充裕性（Adequacy of an Electric Power System），"电力系统稳态运行时，在系统元件额定容量、母线电压和系统频率等允许范围内，考虑系统中元件的计划停运以及合理的非计划停运条件下，向用户提供全部所需的电力和电量的能力"；

（2）电力系统安全性（Security of an Electric Power system），"电力系统在运行中承受例如短路或系统中元件意外退出运行等突然扰动的能力"。

2. 电网 $N-1$、$N-1-1$、$N-2$ 安全准则的说明

$N-1$ 安全准则：单一故障安全准则。按照这一准则，电力系统的 N 个元件中的任一独立元件（发电机、输电线路、变压器等）发生故障而被切除后，应不造成因其他线路过负荷跳闸而导致用户停电；不破坏系统的稳定性，不出现电压崩溃等事故。$N-1$ 原则与可靠性分析相比较，它的计算简便，不需搜集元件停运率等大量原始数据，是一种简便的安全检查准则。但对独立元件的定义不尽相同，一般规定 1 个独立元件为 1 台发电机组，或 1 条输电线路，或 1 台变压器。

$N-1-1$ 安全准则：若任何单一元件（不含母线）检修，通过人工的电网重构，保证检修期间另一元件故障（不含母线）时，电网仍能够达到 $N-1$ 要求，但不包括接连发生 2 次事故或同时发生双重事故状况。

$N-2$ 安全准则：电网 $N-2$ 停运事故指 2 个线路元件同时或相继发生了故障停运的双重事故状况，应不造成因其他线路过负荷跳闸而导致用户停电；不破坏系统的稳定性，不出现电压崩溃等事故。

参 考 文 献

[1] 陈文亮. 配电系统可靠性实用基础. 北京：中国电力出版社，1998.

[2] 束洪春. 电力系统以可靠性为中心的维修. 北京：机械工业出版社，2008.

[3] 范明天，张祖平. 配电网络规划与设计. 北京：中国电力出版社，2001.

[4] 周孝信，卢强，杨奇逊，等. 电力系统工程. 北京：中国电力出版社，2008.

[5] 李文沅. 电力系统风险评估. 北京：科学出版社，2005.

[6] 蓝毓俊. 现代城市电网规划设计与建设改造. 北京：中国电力出版社，2004.

[7] 舒印彪. 配电网规划设计. 北京：中国电力出版社，2018.

[8] 刘军，赵江河. 配电网规划常用计算. 北京：中国电力出版社，2016.

[9] 中国电力科学研究院配电研究所. 配电系统. 北京：机械工业出版社，2015.

[10] 郭永基. 电力系统可靠性分析. 北京：清华大学出版社，2003.

[11] 范明天，刘健，张毅威，等. 配电系统规划参考手册. 北京：中国电力出版社，2013.